AF320478

Tushar Jaware
Ravindra Badgujar
Jitendra Patil

Implementação da pilha de hardware TCP/IP usando FPGA

Tushar Jaware
Ravindra Badgujar
Jitendra Patil

Implementação da pilha de hardware TCP/IP usando FPGA

ScienciaScripts

Imprint

Any brand names and product names mentioned in this book are subject to trademark, brand or patent protection and are trademarks or registered trademarks of their respective holders. The use of brand names, product names, common names, trade names, product descriptions etc. even without a particular marking in this work is in no way to be construed to mean that such names may be regarded as unrestricted in respect of trademark and brand protection legislation and could thus be used by anyone.

Cover image: www.ingimage.com

This book is a translation from the original published under ISBN 978-3-8484-9861-1.

Publisher:
Sciencia Scripts
is a trademark of
Dodo Books Indian Ocean Ltd. and OmniScriptum S.R.L publishing group

120 High Road, East Finchley, London, N2 9ED, United Kingdom
Str. Armeneasca 28/1, office 1, Chisinau MD-2012, Republic of Moldova, Europe
Printed at: see last page
ISBN: 978-620-8-07369-5

Copyright © Tushar Jaware, Ravindra Badgujar, Jitendra Patil
Copyright © 2024 Dodo Books Indian Ocean Ltd. and OmniScriptum S.R.L publishing group

Índice:

Resumo

Existe um consenso geral de que, nos próximos anos, cada vez mais dispositivos ligados à Internet serão incorporados e não orientados para PC. Uma dessas previsões é que, até 2010, 95% dos dispositivos ligados à Internet não serão computadores. Serão dispositivos de Internet incorporados. Uma solução popular consiste em utilizar um microcontrolador de 8 bits, como o Rabbit 2000, AVR ou PIC, e um MAC Ethernet, como o CS8900A ou o RTL8029AS, que utiliza os pinos da porta paralela em modo de 8 bits. Uma pilha do Protocolo de Controlo de Transmissão/Protocolo Internet (TCP/IP) é normalmente escrita em C e pode ser despojada de funcionalidades e portada para estes microcontroladores com recursos limitados. Embora isto funcione e detalhemos muitas destas placas abaixo, está a surgir um pequeno debate sobre a sua fiabilidade e funcionalidade. Com os ataques DOS (denial of service) a tornarem-se cada vez mais comuns, não é preciso muito para tirar o seu pequeno microcontrolador de 8 bits da rede. De facto, algumas configurações têm alguma dificuldade em acompanhar o elevado volume de pacotes de difusão que circulam numa rede carregada, já para não falar de ataques maliciosos. A outra solução é usar uma pilha TCP/IP de hardware. Uma pilha TCP/IP de hardware tem algumas vantagens. Em primeiro lugar, como elas são baseadas em hardware, a maioria funciona em velocidades próximas às da linha de produção, encapsulando e separando fluxos de dados em tempo real. Isso torna cada vez mais difícil causar um ataque de negação de serviço e quase impossível executar código malicioso usando princípios de buffer overruns etc. No entanto, o facto de ser hardware dificulta a sua atualização, caso se descubram pequenas peculiaridades que permitam, por exemplo, ataques SYN. O livro centra-se na implementação da pilha TCP/IP em hardware, utilizando o gerador de sistemas e a FPGA.

CAPÍTULO 1

O Protocolo de Controlo de Transmissão (TCP) e o Protocolo Internet (IP) foram desenvolvidos por um projeto de investigação do Departamento de Defesa (DOD) para ligar várias redes diferentes concebidas por diferentes fornecedores numa rede de redes. (A "Internet"). O sucesso inicial deveu-se ao facto de fornecer alguns serviços básicos de que todos necessitam (transferência de ficheiros, correio eletrónico, início de sessão remoto) através de um grande número de sistemas cliente e servidor. Vários computadores de um pequeno departamento podem utilizar TCP/IP (juntamente com outros protocolos) numa única LAN. A componente IP fornece o encaminhamento do departamento para a rede da empresa, depois para as redes regionais e, finalmente, para a Internet global. No campo de batalha, uma rede de comunicações sofre danos, pelo que o DOD concebeu o TCP/IP para ser robusto e recuperar automaticamente de qualquer falha no nó ou na linha telefónica. Esta conceção permite a construção de redes muito grandes com menos gestão central. No entanto, devido à recuperação automática, os problemas da rede podem ficar sem diagnóstico e sem correção durante longos períodos de tempo. [1]

Tal como qualquer outro protocolo de comunicações, o TCP/IP é composto por camadas:

- **IP** - é responsável pela deslocação dos pacotes de dados de nó para nó. O IP reencaminha cada pacote com base num endereço de destino de quatro bytes (o número IP). As autoridades da Internet atribuem intervalos de números a diferentes organizações. As organizações atribuem grupos dos seus números a departamentos. O IP funciona em máquinas de gateway que movem os dados do departamento para a organização, para a região e depois para todo o mundo.

- **TCP** - é responsável pela verificação da entrega correta dos dados do cliente ao servidor. Os dados podem perder-se na rede intermédia. O TCP acrescenta suporte para detetar erros ou dados perdidos e para desencadear a retransmissão até que os dados sejam correta e completamente recebidos.

- **Sockets** - é o nome dado ao pacote de sub-rotinas que fornecem acesso ao TCP/IP na maioria dos sistemas.

A informação é transferida sob a forma de pacotes. Cada um destes pacotes é enviado através da rede individualmente. Existem disposições para abrir ligações a sistemas. No entanto, a um certo nível, a informação é colocada em pacotes e esses pacotes são tratados pela rede como completamente separados[2].

Por exemplo, suponha que pretende transferir um ficheiro de 15000 octetos. A maioria das redes não consegue lidar com um pacote de 15000 octetos. Assim, os protocolos dividem-no em algo como 30 pacotes de 500 octetos. Cada um desses pacotes será enviado para a outra extremidade. Nessa altura, serão novamente reunidos no ficheiro de 15000 octetos. No entanto, enquanto esses pacotes estão em trânsito, a rede não sabe que existe qualquer ligação entre eles. É perfeitamente possível que o pacote 14 chegue antes do pacote 13.

Também é possível que, algures na rede, ocorra um erro e um pacote não chegue a passar. Nesse caso, o pacote tem de ser enviado novamente. De facto, existem dois protocolos distintos envolvidos neste processo. O TCP (o protocolo de controlo de transmissão) é responsável por dividir a mensagem em pacotes, montá-los novamente na outra extremidade, reenviar tudo o que se perdeu e voltar a colocar as coisas na ordem correta. O IP (protocolo de Internet) é responsável pelo encaminhamento dos pacotes individuais. Pode parecer que o TCP está a fazer todo o trabalho. E em redes pequenas isso é verdade.

No entanto, na Internet, simplesmente levar um pacote ao seu destino pode ser uma tarefa complexa. Uma conexão pode exigir que o pacote passe por várias redes, uma linha serial para o Centro de Supercomputadores, algumas Ethernets lá, uma série de linhas telefônicas de 56Kbaud para outro local e mais Ethernets em outro campus. Manter o controlo das rotas para todos os destinos e lidar com as incompatibilidades entre os diferentes meios de transporte acaba por ser uma tarefa complexa. Note-se que a interface entre o TCP e o IP é bastante simples. O TCP simplesmente entrega ao IP um pacote com um destino. O IP não sabe como esse pacote se relaciona com qualquer pacote anterior ou posterior a ele[3].

Assim, o TCP/IP funciona basicamente de forma intercalada, apresentando simultaneamente o impacto dos pacotes de entrada e de saída. Neste processo, estamos a tentar implementar esta pilha TCP/IP em hardware, que foi anteriormente construída utilizando C/C++ e outras abordagens de software. Os FPGAs, enquanto dispositivos de hardware programáveis, são particularmente adequados para englobar velocidades de processamento elevadas e flexibilidade para responder à rápida evolução da Internet. Funciona a velocidades próximas da linha, encapsulando e separando fluxos de dados em tempo real. Difícil de provocar um ataque. É quase impossível executar código malicioso utilizando os princípios de "buffer overruns", etc. No entanto, o facto de ser hardware dificulta a atualização para a pilha.

Assim, este relatório explica o projeto e a implementação da pilha TCP/IP de hardware utilizando o Simulink e o System Generator.

CAPÍTULO 2

Nos últimos anos, surgiu o interesse de ligar até mesmo pequenos dispositivos a uma rede IP existente, como a Internet global. Para poder comunicar através da Internet, é necessária uma implementação da pilha de hardware TCP/IP.

O TCP/IP é normalmente implementado em software como um serviço de um sistema operativo (Linux, NetBSD, etc.). A família de dispositivos Xilinx Virtex-II Pro contém um processador PowerPC 405 incorporado e um processador MicroBlaze de núcleo flexível, cada um deles capaz de executar um sistema operativo. No entanto, os pequenos projectos podem não necessitar de um sistema operativo completo. Esta nota de aplicação utiliza uma pilha de protocolos autónoma (sem um sistema operativo)[4].

A pilha TCP/IP utilizada no projeto de referência é uma pilha de protocolos Internet leve (lwIP). A lwIP é uma implementação TCP/IP para pequenos sistemas incorporados em que não é necessário um sistema operativo, embora possa ser utilizada com um sistema operativo.

2.4 Aplicação lwIP

O exemplo da aplicação lwIP fornece uma demonstração simples da comunicação TCP/IP utilizando dispositivos Virtex-II Pro. A aplicação permite o acesso remoto a um servidor de eco baseado em TCP em execução na placa. O diagrama do sistema dos componentes de hardware e software do projeto de referência é apresentado na figura seguinte.

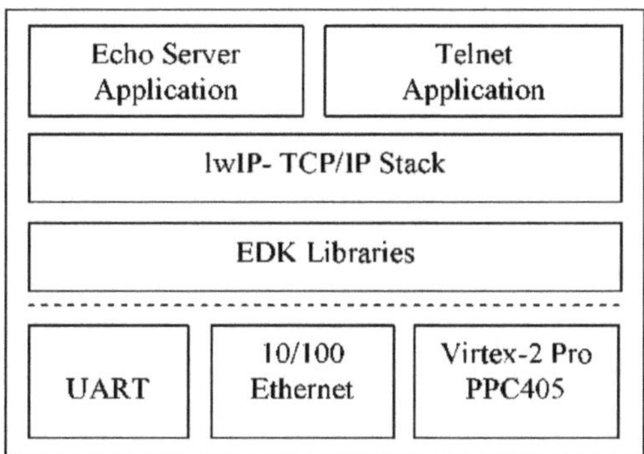

Fig.2.1: Diagrama de blocos de hardware e software do sistema de referência

CAPÍTULO 3

3.1 História do TCP/IP

O TCP/IP foi inicialmente concebido para satisfazer as necessidades de comunicação de dados do Departamento de Defesa dos EUA (DOD). No final da década de 1960, a Agência de Projectos de Investigação Avançada (ARPA, atualmente designada por DARPA) do Departamento de Defesa dos EUA iniciou uma parceria com universidades americanas e a comunidade de investigação empresarial para conceber protocolos abertos e normalizados e construir redes de vários fornecedores.

Em conjunto, os participantes planearam a ARPANET, a primeira rede de comutação de pacotes. A primeira versão experimental de quatro nós da ARPANET entrou em funcionamento em 1969. Estes quatro nós em três locais diferentes foram ligados entre si através de circuitos de 56 Kbit/s, utilizando o Protocolo de Controlo de Rede (NCP).

A experiência foi um êxito e a rede experimental acabou por evoluir para uma rede operacional útil, a "ARPA Internet". Em 1974, a conceção de um novo conjunto de protocolos de base para a ARPANET foi proposta num documento de Vinton G. Cerf e Robert E. Kahn. O nome oficial do conjunto de protocolos era TCP/IP Internet Protocol Suite, normalmente designado por TCP/IP, que deriva dos nomes do protocolo do nível de rede (Protocolo Internet [IP]) e de um dos protocolos do nível de transporte (Protocolo de Controlo de Transmissão [TCP]). O TCP/IP é um conjunto de normas de rede que especificam os pormenores da forma como os computadores comunicam, bem como um conjunto de convenções para interligar redes e encaminhar o tráfego. A especificação inicial passou por quatro versões iniciais, culminando na versão 4 em 1979[1],[2].

Em 1985, a ARPANET era muito utilizada e estava congestionada. Em resposta, a National Science Foundation (NSF) iniciou a primeira fase de desenvolvimento da NSFNET. A ARPANET foi oficialmente desactivada em 1989. A NSFNET era composta por várias redes regionais e redes homólogas (como a NASA Science Network) ligadas a uma espinha dorsal principal que constituía o núcleo da NSFNET global Na sua forma mais antiga, em 1986, a NSFNET criou uma arquitetura de rede em três níveis.

A arquitetura ligava os campus e as organizações de investigação a redes regionais, que por sua vez se ligavam a uma espinha dorsal principal que ligava seis centros de supercomputadores financiados a nível nacional. As ligações originais eram de 56 Kbit/s. As ligações foram melhoradas em 1988 para ligações T1 (1,544 Mbit/s) mais rápidas, em resultado do concurso NSFNET 1987 para um serviço de rede mais rápido, adjudicado à Merit Network, Inc. e aos seus parceiros MCI, IBM e o Estado do Michigan.

A espinha dorsal T1 da NSFNET ligava um total de 13 sítios que incluíam a Merit,

BARRNET, MIDnet, Westnet, NorthWestNet, SESQUINET, SURANet, NCAR (Centro Nacional de Investigação Atmosférica) e cinco centros de supercomputadores da NSF. Em 1991, a NSF decidiu transferir a espinha dorsal para uma empresa privada e começar a cobrar às instituições pelas ligações. Em 1991, a Merit, a IBM e a MCI criaram uma empresa sem fins lucrativos denominada Advanced Networks and Services (ANS). Em 1993, a ANS tinha instalado uma nova rede que substituiu a NFSNET. Denominada ANSNET, a nova espinha dorsal funcionava com ligações T3 (45 Mbit/s). A ANS era proprietária desta nova rede de área alargada (WAN), ao contrário das anteriores WAN utilizadas na Internet, que eram todas propriedade do governo dos EUA. Em 1993, a NSF convidou à apresentação de propostas de projectos para acomodar e promover o papel dos fornecedores de serviços comerciais e estabelecer a estrutura de um novo e robusto modelo de Internet.

Ao mesmo tempo, a NSF retirou-se do funcionamento efetivo da rede e começou a concentrar-se nos aspectos e iniciativas de investigação. O "pedido da NSF" incluía quatro projectos distintos para os quais eram solicitadas propostas:

• Criação de um conjunto de pontos de acesso à rede (NAP) onde os principais fornecedores ligam as suas redes e trocam tráfego.

• Implementação de um projeto de Árbitro de Rotas (RA), para proporcionar um tratamento equitativo dos vários fornecedores de serviços de rede no que respeita à administração de rotas.

• Fornecimento de um serviço de rede de base de muito alta velocidade (vBNS) para fins educativos e governamentais.

• Transferência das redes "regionais" existentes, da espinha dorsal da NSFNET para outros fornecedores de serviços de rede (NSP) que têm ligações a NAP.

Em parte devido às solicitações da NSF, a atual estrutura da Internet passou de uma rede de base (NSFNET) para uma arquitetura mais distribuída explorada por fornecedores comerciais como a Sprint, a MCI, a BBN e outros, ligados através de grandes pontos de troca de redes, denominados pontos de acesso à rede (NAP). Um NAP é definido como um comutador de alta velocidade ao qual podem ser ligados vários encaminhadores para efeitos de troca de tráfego.

Isto permite que o tráfego Internet dos clientes de um fornecedor chegue aos clientes de outro fornecedor. Os fornecedores de serviços Internet (ISP) são empresas que fornecem serviços Internet, por exemplo, acesso à Web e correio eletrónico, a clientes finais, tanto utilizadores individuais como utilizadores empresariais. O ponto de ligação entre um cliente e um ISP é designado por ponto de presença (POP). A ligacËaÄ o física entre um cliente e um ISP pode ser assegurada atraveÂs de vaÂ rios meÂtodos de acesso físico diferentes, como, por exemplo, a ligacËaÄ o por marcacËaÄ o ou o Frame Relay. As redes ISP trocam informações entre si através da ligação a NSP que estão ligados a NAP, ou através da ligação direta a NAP[5].

Entre 1993 e 1995, a NSFNET esteve fisicamente ligada aos quatro NAPS seguintes: (1)

Sprint AP, Pennsauken, NJ (2) PacBell NAP, São Francisco, CA (3) Ameritech Advanced Data services (AADS) NAP, Chicago, IL (4) MFS Data net (MAE-East) NAP, Washington, D.C. Continuam a ser criados NAPs adicionais em todo o mundo, à medida que os fornecedores vão descobrindo a necessidade de se interligarem. Em 1995, a NSF adjudicou à MCI o contrato de construção do Backbone Network Service (vBNS) de elevado desempenho para substituir a ANSNET.

O vBNS foi concebido para as comunidades científicas e de investigação. Originalmente, fornecia interconexão de alta velocidade entre centros de supercomputação da NSF e conexão a pontos de acesso à rede especificados pela NSF. Atualmente (1999), a vBNS liga dois centros de supercomputação da NSF e instituições de investigação selecionadas no âmbito do programa de ligações de elevado desempenho da NSF. A MCI é proprietária e opera a rede, mas não pode determinar quem se liga a ela. A NSF atribui subsídios ao abrigo do seu programa de ligações de elevado desempenho. A vBNS só está disponível para projectos de investigação com utilizações de elevada largura de banda e não é utilizada para o tráfego geral da Internet.

A vBNS é uma rede baseada nos EUA que funciona a uma velocidade de 622 megabits por segundo (OC12) utilizando a rede da MCI de tecnologias avançadas de comutação e transmissão por fibra ótica. A vBNS baseia-se em tecnologias avançadas de comutação e de transmissão por fibra ótica, conhecidas como Modo de Transferência Assíncrono (ATM) e Rede Ótica Síncrona (SONET). A combinação de ATM e SONET permite que sinais de voz, dados e vídeo de muito alta velocidade e alta capacidade sejam combinados e transmitidos "a pedido". As velocidades do vBNS são alcançadas através da ligação do Protocolo Internet (IP) através de uma matriz de comutação ATM e da execução desta combinação na rede SONET[6].

3.2 Noções básicas de TCP/IP

O modelo TCP/IP é uma especificação para protocolos de redes informáticas criada na década de 1970 pela DARPA, uma agência do Departamento de Defesa dos Estados Unidos. Estabeleceu as bases para a ARPANET, que foi a primeira rede de área alargada do mundo e uma antecessora da Internet. O modelo TCP/IP é por vezes designado por modelo de referência da Internet, modelo DoD (DoD significa Department of Defense) ou modelo de referência ARPANET.

O TCP/IP define um conjunto de regras que permitem aos computadores comunicar através de uma rede, especificando a forma como os dados devem ser embalados, endereçados, enviados, encaminhados e entregues no destino correto. A especificação define protocolos para diferentes tipos de comunicação entre computadores e fornece um quadro para normas mais pormenorizadas.

O TCP/IP é geralmente descrito como tendo quatro "camadas", ou cinco se incluirmos a camada física inferior. A visão de camadas do TCP/IP baseia-se no Modelo de Referência OSI de sete camadas, escrito muito depois das especificações originais do TCP/IP, e não é oficialmente reconhecido. Apesar disso, é uma boa analogia para o funcionamento do TCP/IP e a comparação entre os modelos é comum.

O modelo TCP/IP e os protocolos relacionados são atualmente mantidos pela Internet Engineering Task Force (IETF). O conjunto de protocolos Transmission Control Protocol/Internet Protocol (TCP/IP) tornou-se o método padrão da indústria para interligar anfitriões, redes e a Internet. Como tal, é visto como o motor por detrás da Internet e das redes em todo o mundo. O conjunto de protocolos TCP/IP tem este nome devido a dois dos seus protocolos mais importantes: **Protocolo de Controlo de Transmissão (TCP) e Protocolo Internet (IP).**

O modelo normalizado para compreender e conceber uma arquitetura de rede é o bem conhecido modelo OSI (Open Systems Interconnection), que consiste em 7 camadas. O modelo TCP/IP é um modelo híbrido derivado do modelo OSI. Combina as três camadas superiores do modelo OSI numa única camada de aplicação; assim, o modelo TCP/IP contém cinco camadas: a camada física, a camada de ligação de dados, a camada de rede, a camada de transporte e a camada de aplicação. O modelo TCP/IP é apresentado e comparado com o modelo OSI a seguir[3].

Modelo OSI	Modelo TCP/IP
Aplicação	Aplicação
Apresentação	Aplicação
Sessão	Aplicação
Transporte	Transporte
Rede	Rede
Ligação de dados	Ligação de dados

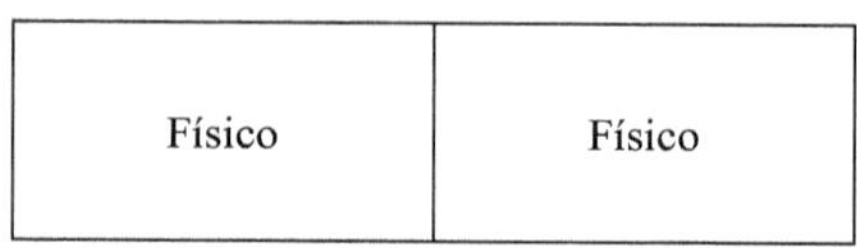

Físico	Físico

Fig:3.1 Modelo OSI e TCP/IP.

Uma designação menos utilizada é Internet Protocol Suite. O principal objetivo da conceção do TCP/IP era criar uma interligação de redes, designada por *rede Internet* ou *Internet*, que fornecesse serviços de comunicação universais em redes físicas heterogéneas. A vantagem clara de uma rede Internet deste tipo é a possibilidade de comunicação entre anfitriões em redes diferentes, eventualmente separadas por uma grande área geográfica.

Os protocolos de nível mais elevado da pilha de protocolos TCP/IP são os protocolos de aplicação. Comunicam com aplicações noutros anfitriões da Internet e constituem a interface visível para o utilizador do conjunto de protocolos TCP/IP. Todos os protocolos de aplicação têm algumas caraterísticas em comum. Podem ser aplicações escritas pelo utilizador ou aplicações normalizadas e fornecidas com o produto TCP/IP.

De facto, o conjunto de protocolos TCP/IP inclui protocolos de aplicação como:

- Telnet para acesso de terminal interativo a anfitriões remotos da Internet

- Protocolo de Transferência de Ficheiros (FTP) para transferências de ficheiros disco-a-disco de alta velocidade - Protocolo de Transferência de Correio Simples (SMTP) como sistema de correio eletrónico na Internet Estes são alguns dos protocolos de aplicação mais amplamente implementados, mas existem muitos outros. Cada implementação específica do TCP/IP incluirá um conjunto menor ou maior de protocolos de aplicação.

Utilizam o UDP ou o TCP como mecanismo de transporte. Lembre-se que o UDP não é fiável e não oferece controlo de fluxo, pelo que, neste caso, a aplicação tem de fornecer a sua própria funcionalidade de recuperação de erros, controlo de fluxo e controlo de congestionamento. Muitas vezes, é mais fácil criar aplicações com base no TCP porque é um protocolo fiável de fluxo, orientado para a ligação, favorável ao congestionamento e com controlo de fluxo. Consequentemente, a maioria dos protocolos de aplicação utiliza o TCP, mas existem aplicações construídas em UDP para obter um melhor desempenho através de uma maior eficiência do protocolo.

Os vários protocolos da pilha TCP/IP são:

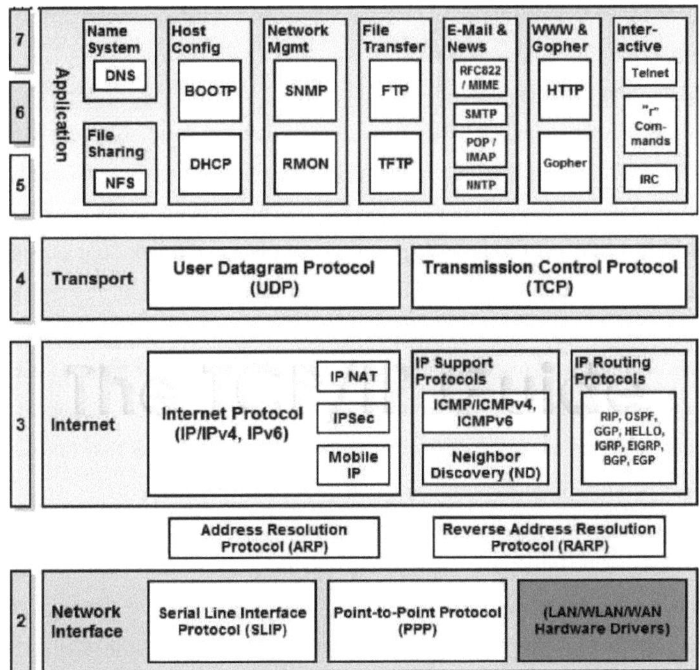

Fig: 3.2 Vários protocolos na pilha TCP/IP.

3.3 Camadas de TCP/IP:

Nas secções seguintes, descrevemos mais pormenorizadamente a função de cada camada, começando pela camada de acesso à rede e subindo até à camada de aplicação.

3.3.1 Camada de acesso à rede

O *nível de acesso à rede* é o nível mais baixo do modelo de referência da Internet. Este nível contém os protocolos que o computador utiliza para fornecer dados aos outros computadores e dispositivos ligados à rede. Os protocolos deste nível desempenham três funções distintas:

Definem a forma de utilizar a rede para transmitir um *quadro*, que é a unidade de dados transmitida através da ligação física.

Estes trocam dados entre o computador e a rede física.

Entregam dados entre dois dispositivos na mesma rede. Para entregar dados na rede local, os protocolos da camada de acesso à rede utilizam os endereços físicos dos nós da rede. Um endereço físico é armazenado na placa adaptadora de rede de um computador ou outro dispositivo e é um valor "codificado" na placa adaptadora pelo fabricante.

Ao contrário dos protocolos de nível superior, os protocolos da camada de acesso à rede têm de compreender os pormenores da rede física subjacente, como a estrutura dos pacotes, a dimensão máxima dos quadros e o esquema de endereços físicos utilizado. A compreensão dos detalhes e restrições da rede física garante que estes protocolos possam formatar corretamente os dados para que possam ser transmitidos através da rede.

3.3.2 Camada de Internetwork

No modelo de referência da Internet, o nível acima do nível de acesso à rede é designado por *nível de rede Internet*. Este nível é responsável pelo encaminhamento das mensagens através das redes Internet. Dois tipos de dispositivos são responsáveis pelo encaminhamento de mensagens entre redes. O primeiro dispositivo é chamado de *gateway*, que é um computador que possui duas placas adaptadoras de rede. Este computador aceita pacotes de rede de uma rede numa placa de rede e encaminha esses pacotes para uma rede diferente através da segunda placa de rede. O segundo dispositivo é um *router*, que é um dispositivo de hardware dedicado que passa os pacotes de uma rede para outra rede diferente. Estes dois termos são frequentemente utilizados como sinónimos, mas existem diferenças distintas na sua capacidade de encaminhar pacotes e nas suas funções na Firewall Cisco Centri.

Os protocolos da camada de Internetwork fornecem um serviço de rede de datagramas. *Os datagramas* são pacotes de informação que incluem um cabeçalho, dados e um trailer. O cabeçalho contém informações, como o *endereço de destino*, de que a rede necessita para encaminhar o datagrama. Um cabeçalho também pode conter outras informações, como o *endereço de origem* e *etiquetas de segurança*. Os trailers contêm normalmente um *valor de soma de controlo*, que é utilizado para garantir que os dados não são modificados em trânsito.

As entidades comunicantes - que podem ser computadores, sistemas operativos, programas, processos ou pessoas - que utilizam os serviços de datagrama têm de especificar o endereço de destino (utilizando informações de controlo) e os dados para cada mensagem a transmitir. Os protocolos da camada de Internetwork empacotam a mensagem num datagrama e enviam-na.

Um serviço de datagrama não suporta qualquer conceito de sessão ou ligação. Uma vez enviada ou recebida uma mensagem, o serviço não retém qualquer memória da entidade com a qual estava a comunicar. Se essa memória for necessária, os protocolos da camada de transporte anfitrião-a-anfitrião mantêm-na. As capacidades de retransmissão de dados e de verificação de erros são mínimas ou inexistentes nos serviços de datagrama. Se o serviço de receção de datagramas detetar um erro de transmissão durante a transmissão utilizando o valor da soma de controlo do datagrama, simplesmente ignora (ou deixa cair) o datagrama sem notificar a entidade recetora de nível superior[6].

3.3.3 Camada de transporte de host para host

A camada *de* protocolo imediatamente acima da camada de rede Internet é a *camada de transporte anfitrião-a-anfitrião*. É responsável pela integridade dos dados de extremo a extremo e fornece um serviço de comunicação altamente fiável para as entidades que pretendem realizar uma conversação bidirecional alargada.

Para além das funções habituais de transmissão e receção, a camada de transporte anfitrião-a-anfitrião utiliza comandos *de abertura* e *fecho* para iniciar e terminar a ligação. Esta camada aceita a informação a ser transmitida como um *fluxo* de caracteres e devolve a informação ao destinatário como um fluxo.

O serviço utiliza o conceito de uma ligação (ou *circuito virtual*). Uma *ligação* é o estado da camada de transporte anfitrião-a-anfitrião entre o momento em que um comando de abertura é aceite pelo computador recetor e o momento em que o comando de fecho é emitido por qualquer um dos computadores.

3.3.4 Camada de aplicação

A camada superior do modelo de referência da Internet é a *camada de aplicação*. Este nível fornece funções aos utilizadores ou aos seus programas e é altamente específico da aplicação que está a ser executada. Fornece os serviços que as aplicações do utilizador utilizam para comunicar através da rede e é o nível em que residem os processos de rede de acesso do utilizador. Estes processos incluem todos aqueles com os quais os utilizadores interagem diretamente, bem como outros processos dos quais os utilizadores não têm conhecimento.

Esta camada inclui todos os protocolos de aplicação que utilizam os protocolos de transporte de anfitrião para anfitrião para fornecer dados. Outras funções que processam dados do utilizador, como a encriptação e desencriptação de dados e a compressão e descompressão, podem também residir na camada de aplicação.

A camada de aplicação também gere as sessões (ligações) entre aplicações que cooperam entre si. Na hierarquia do protocolo TCP/IP, as sessões não são identificáveis como uma camada separada e estas funções são executadas pela camada de transporte anfitrião a anfitrião. Em vez de utilizar o termo "sessão", o TCP/IP utiliza os termos "socket" e "porta" para descrever o caminho (ou circuito virtual) através do qual as aplicações cooperantes comunicam. No entanto, na descrição da Cisco Centri Firewall, fazemos a distinção entre sessões e portas. Uma *sessão* é uma conexão através de uma porta TCP ou UDP que é feita entre dois computadores, um dos quais é protegido pelo Cisco Centri Firewall.

A maioria dos protocolos de aplicação nesta camada fornece serviços ao utilizador e são frequentemente acrescentados novos serviços ao utilizador. Para que as aplicações cooperantes possam trocar dados, têm de chegar a acordo sobre a forma como os dados são representados. A camada de aplicação é responsável pela normalização da apresentação dos dados.

Na secção seguinte, apresentamos um historial do TCP/IP e, em seguida, definimos o conjunto de protocolos TCP/IP utilizando o modelo de referência da Internet[1],[3].

3.4 Funcionamento do TCP/IP

Nesta secção, descrevemos alguns dos protocolos que compõem o TCP/IP utilizando o modelo de referência da Internet. Também definimos a função de cada protocolo e definimos termos específicos do TCP/IP.

3.4.1 Camada de acesso à rede

A conceção do TCP/IP oculta a função desta camada dos utilizadores - está relacionada com a obtenção de dados através de um tipo específico de rede física (como Ethernet, Token Ring, etc.). Esse design reduz a necessidade de reescrever níveis mais altos de uma pilha TCP/IP quando novas tecnologias de rede física são introduzidas (como ATM e Frame Relay).

As funções executadas a este nível incluem o encapsulamento dos datagramas IP em *fotogramas* que são transmitidos pela rede. Também mapeia os endereços IP para os endereços físicos utilizados pela rede. Um dos pontos fortes do TCP/IP é o seu esquema de endereçamento, que identifica de forma única cada computador na rede. Este endereço IP deve ser convertido em qualquer endereço apropriado para a rede física através da qual o datagrama é transmitido.

Os dados a transmitir são recebidos da camada de rede Internet. A camada de acesso à rede é responsável pelo encaminhamento e deve acrescentar aos dados as suas informações de encaminhamento. A informação da camada de acesso à rede é acrescentada sob a forma de um cabeçalho, que é anexado ao início dos dados.

No Windows NT, os protocolos deste nível aparecem como controladores NDIS e programas relacionados. Os módulos que são identificados com nomes de dispositivos de rede geralmente encapsulam e entregam os dados à rede, enquanto programas separados executam funções relacionadas, como o mapeamento de endereços.

3.4.2 Camada de Internetwork

O protocolo TCP/IP mais conhecido no nível da rede Internet é o *Protocolo Internet (*IP*),* que fornece o serviço básico de entrega de pacotes para todas as redes TCP/IP. Para além dos endereços físicos dos nós utilizados no nível de acesso à rede, o protocolo IP implementa um sistema de endereços lógicos de anfitrião, designados endereços IP. Os endereços IP são utilizados pela rede Internet e pelas camadas superiores para identificar dispositivos e efetuar o encaminhamento da rede Internet. O Protocolo de Resolução de Endereços (ARP) permite ao IP identificar o endereço físico que corresponde a um determinado endereço IP.

O IP é utilizado por todos os protocolos nas camadas acima e abaixo dele para entregar dados, o que significa que todos os dados TCP/IP passam pelo IP quando são enviados e recebidos, independentemente do seu destino final.

3.4.3 Protocolo Internet

O IP é um *protocolo sem ligação*, o que significa que o IP não troca informações de controlo (designadas por *handshake*) para estabelecer uma ligação de extremo a extremo antes de transmitir dados. Em contrapartida, um *protocolo orientado para a ligação* troca informações de controlo com o computador remoto para verificar se este está pronto a receber dados antes de os enviar. Quando o aperto de mão é bem sucedido, diz-se que os computadores estabeleceram uma *ligação*. O IP depende de protocolos noutras camadas para estabelecer a ligação se forem necessários serviços orientados para a ligação.

O IP também depende de protocolos noutra camada para fornecer deteção e recuperação de erros. Como não contém código de deteção ou recuperação de erros, o IP é por vezes designado por *protocolo não fiável*.

As funções desempenhadas neste nível são as seguintes

- **O datagrama, que é a unidade básica de transmissão na Internet.** Os protocolos TCP/IP foram criados para transmitir dados através da ARPANET, que era uma *rede de comutação de pacotes*. Um *pacote* é um bloco de dados que transporta consigo as informações necessárias para a sua entrega - de forma semelhante a uma carta postal que tem um endereço escrito no envelope. Uma rede de comutação de pacotes usa as informações de endereçamento dos pacotes para transferi-los de uma rede física para outra, levando-os ao seu destino final. Cada pacote percorre a rede independentemente de qualquer outro pacote. O *datagrama* é o formato de pacote definido pelo IP.

- **O esquema de endereçamento da Internet.** O IP entrega o datagrama verificando o endereço de destino no cabeçalho. Se o endereço de destino for o endereço de um anfitrião na rede diretamente ligada, o pacote é entregue diretamente ao destino. Se o endereço de destino não estiver na rede local, o pacote é passado para um gateway para entrega. *Os gateways* e *routers* são dispositivos que comutam os pacotes entre as diferentes redes físicas. A decisão sobre qual gateway usar é chamada de *roteamento*. O IP toma a decisão de roteamento para cada pacote individual.

- **Mover dados entre a Camada de Acesso à Rede e a Camada de Transporte Host-a-Host.** Quando o IP recebe um datagrama dirigido ao anfitrião local, tem de passar a parte de dados do datagrama para o protocolo correto da camada de transporte anfitrião a anfitrião. Essa seleção é feita usando o *número do protocolo* no cabeçalho do datagrama. Cada protocolo da camada de transporte host-a-host tem um número de protocolo único que o identifica para o IP.

- **Encaminhar datagramas para hosts remotos.** Os gateways de Internet são normalmente (e talvez mais corretamente) referidos como routers IP porque utilizam o IP para encaminhar pacotes entre redes. No jargão tradicional do TCP/IP, existem apenas dois tipos de dispositivos de rede: gateways e hosts. Os gateways encaminham pacotes entre redes e os hosts não. No entanto, se um host estiver conectado a mais de uma rede (chamado de *host multi-homed*), ele pode encaminhar pacotes entre as redes. Quando um host multi-homed encaminha pacotes, ele age como qualquer outro gateway e é considerado um gateway.

- **Fragmentar e remontar datagramas.** À medida que um datagrama é encaminhado através de diferentes redes, pode ser necessário que o módulo IP num gateway divida o datagrama em partes mais pequenas. Um datagrama recebido de uma rede pode ser demasiado grande para ser transmitido num único pacote numa rede diferente. Esta condição só ocorre quando um gateway interliga redes físicas diferentes[9].

Cada tipo de rede tem uma *unidade máxima de transmissão (MTU)*, que é o maior pacote que pode transferir. Se o datagrama recebido de uma rede for maior do que a MTU da outra rede, é necessário dividir o datagrama em fragmentos mais pequenos para transmissão. Esse processo de divisão é chamado de *fragmentação*.

3.4.4 Protocolo de Mensagens de Controlo da Internet

O *Protocolo de Mensagens de Controlo da Internet* (ICMP) faz parte da camada de rede Internet e utiliza o recurso de entrega de datagramas IP para enviar as suas mensagens. O ICMP envia mensagens que desempenham as seguintes funções de controlo, comunicação de erros e informação para o conjunto de protocolos TCP/IP:

- **Controlo do fluxo.** Quando os datagramas chegam demasiado depressa para serem processados, o anfitrião de destino ou uma porta de ligação intermédia envia uma *mensagem ICMP de supressão da fonte* ao remetente. Esta mensagem dá instruções à fonte para parar temporariamente o envio de datagramas.
- **Detetar destinos inalcançáveis.** Quando um destino é inalcançável, o computador que detecta o problema envia uma *mensagem de destino inalcançável* para a origem do datagrama. Se o destino inalcançável for uma rede ou um anfitrião, a mensagem é enviada por um gateway intermédio. Mas se o destino for uma porta inacessível, o anfitrião de destino envia a mensagem.
- **Rotas de redireccionamento.** Uma gateway envia a *mensagem de redireccionamento* ICMP para dizer a um anfitrião para utilizar outra gateway, presumivelmente porque a outra gateway é uma melhor escolha. Esta mensagem só pode ser utilizada quando o anfitrião de origem se encontra na mesma rede que ambas as gateways.
- **Verificar anfitriões remotos.** Um anfitrião pode enviar a *mensagem* ICMP *echo* para verificar se o IP de um computador remoto está ativo e operacional. Quando um computador recebe uma mensagem de eco, envia o mesmo pacote de volta para o anfitrião de origem.

3.4.5 Camada de transporte de host para host

A camada de protocolo imediatamente acima da camada de rede Internet é a *camada anfitrião-a-anfitrião*. É responsável pela integridade dos dados de ponta a ponta. Os dois protocolos mais importantes utilizados neste nível são o *Transmission Control Protocol* (TCP) e o *User Datagram Protocol* (UDP).

O TCP proporciona ligações full-duplex fiáveis e um serviço fiável, assegurando que os dados são reenviados quando a transmissão resulta num erro (deteção e correção de erros de extremo a extremo). Além disso, o TCP permite que os anfitriões mantenham várias ligações simultâneas. Quando a correção de erros não é necessária, o UDP fornece um serviço de datagrama não fiável (sem ligação) que melhora o débito da rede na camada de transporte anfitrião-a-anfitrião.

Ambos os protocolos entregam dados entre o *nível da aplicação* e o *nível da rede Internet*. Os programadores de aplicações podem escolher o serviço mais adequado para as suas aplicações específicas.

3.4.6 Protocolo de Datagrama do Utilizador

O *Protocolo de Datagrama de Utilizador* dá aos programas de aplicação acesso direto a um serviço de entrega de datagramas, tal como o serviço de entrega que o IP fornece. Este acesso direto permite que as aplicações troquem mensagens através da rede com um mínimo de sobrecarga de protocolo.

O UDP é um protocolo de datagrama não fiável e sem ligação. "Não fiável" significa apenas que o protocolo não tem nenhuma técnica para verificar se os dados chegaram corretamente à outra extremidade da rede. No seu computador, o UDP entregará os dados corretamente.

Porque é que os programadores de aplicações escolhem o UDP como serviço de transporte de dados? Existem várias boas razões. Se a quantidade de dados que está a ser transmitida for pequena, a sobrecarga de criar ligações e assegurar uma entrega fiável pode ser maior do que o trabalho de retransmitir todo o conjunto de dados. Nesse caso, o UDP é a escolha mais eficiente para um protocolo de camada de transporte de host para host.

As aplicações que se enquadram num modelo de "consulta-resposta" são também excelentes candidatas à utilização do UDP. A resposta pode ser usada como uma confirmação positiva da consulta. Se não for recebida uma resposta dentro de um determinado período de tempo, a aplicação envia simplesmente outra consulta. Outras aplicações ainda fornecem as suas próprias técnicas para a entrega fiável de dados e não requerem esse serviço do protocolo da camada de transporte. A imposição de outra camada de confirmação a qualquer um destes tipos de aplicações é redundante[7].

3.4.7 Protocolo de Controlo de Transmissão

As aplicações que requerem que o protocolo de transporte anfitrião-a-anfitrião forneça uma entrega de dados fiável utilizam o TCP porque este verifica se os dados são entregues através da rede com precisão e na sequência correta. O TCP é um protocolo *fiável, orientado para a ligação, de fluxo de bytes*.

3.4.8 Camada de aplicação

Os protocolos da camada de aplicação TCP/IP mais conhecidos e implementados são os seguintes

- **Protocolo de transferência de ficheiros (FTP).** Efectua transferências interactivas básicas de ficheiros entre anfitriões.
- **Telnet.** Permite que os utilizadores executem sessões de terminal com anfitriões remotos.
- **Protocolo de transferência de correio simples (SMTP).** Suporta serviços básicos de entrega de mensagens.
- **HyperText Transfer Protocol (HTTP).** Suporta o transporte de baixo custo de ficheiros constituídos por uma mistura de texto e gráficos. Utiliza um protocolo sem estado, orientado para a ligação e para os objectos, com comandos simples que suportam a seleção e o transporte de objectos entre o cliente e o servidor.

Para além dos protocolos amplamente conhecidos, a camada de aplicação inclui os seguintes protocolos:

- **Serviço de nomes de domínio (DNS).** Também designado por *serviço de nomes*, esta aplicação mapeia os endereços IP para os nomes atribuídos aos dispositivos de rede.
- **Protocolo de informações de roteamento (RIP).** O encaminhamento é fundamental para o funcionamento do TCP/IP. O RIP é utilizado pelos dispositivos de rede para trocar informações de encaminhamento.
- **Protocolo de gestão de rede simples (SNMP).** Um protocolo que é utilizado para recolher informações de gestão de dispositivos de rede.
- **Sistema de ficheiros de rede (NFS).** Um sistema desenvolvido pela Sun Microsystems que permite aos computadores montar unidades em hosts remotos e operá-las como se fossem unidades locais.

Alguns protocolos, como o Telnet e o FTP, só podem ser utilizados se o utilizador tiver algum conhecimento da rede. Outros protocolos, como o RIP, funcionam sem que o utilizador saiba que existem.

3.5 Comunicações de dados, do ponto de vista do modelo TCP/IP.

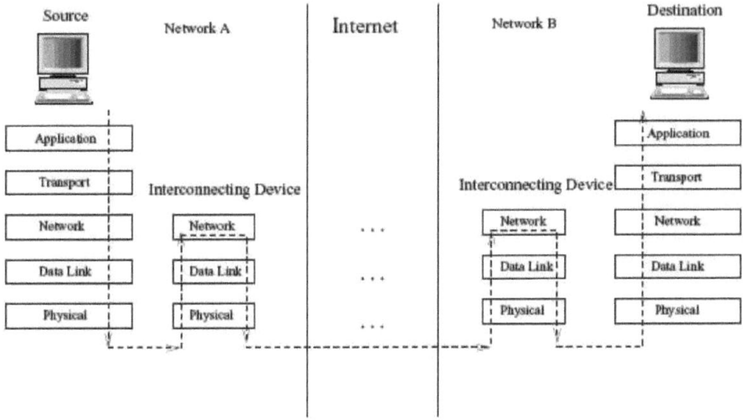

Fig:3.3 Comunicação de dados no modelo TCP/IP.

Para comunicar com outros computadores, os dados provenientes da camada de aplicação devem ser transmitidos para baixo, através de diferentes camadas na fonte, para o meio de transmissão. No destino, os dados são transferidos para cima através das mesmas camadas, chegando finalmente à camada de aplicação. Durante este procedimento, os dados são processados em cada uma destas camadas. Além disso, as informações de controlo do protocolo são acrescentadas (na fonte) ou retiradas (no destino) em cada camada para garantir que os dados são transmitidos ao seu destino final de forma eficaz e segura. A figura mostra todo o processo de uma comunicação deste tipo. Discutimos principalmente o meio processo na parte do computador de origem, pois as operações no destino são inversas às operações na origem. Na parte da fonte, os dados gerados pela fonte são transmitidos da camada de aplicação para a camada física e depois para o meio de transmissão. Os dados são transmitidos sob a forma de PDUs (Packet Data Unit) através das camadas. Cada camada define a sua própria PDU, nomeadamente, Segmento na camada de transporte, Pacote na camada de rede e Quadro na camada de ligação de dados. A PDU contém a unidade de dados recebida da camada superior e informações de controlo do protocolo (normalmente um cabeçalho ou um trailer). O processo de adicionar um cabeçalho/trailer à unidade de dados recebida da camada superior é designado por encapsulamento[3].

3.6 Visão geral do TCP/IP-UDP

Consideremos agora dois dos protocolos mais importantes e mais utilizados da camada de transporte TCP/IP

1. Protocolo de datagrama do utilizador (UDP).
2. Protocolo de Controlo de Transmissão (TCP).

3. 6.1 Protocolo de datagrama do utilizador (UDP)

O estatuto do Protocolo de Datagrama do Utilizador é normal e quase todas as implementações TCP/IP destinadas à transferência de pequenas unidades de dados ou que se podem dar ao luxo de perder uma pequena quantidade de dados (como o fluxo de multimédia) incluirão o UDP. O UDP é basicamente uma interface de aplicação para o IP. Não acrescenta fiabilidade, controlo de fluxo ou recuperação de erros ao IP.

Funciona simplesmente como um multiplexador/demultiplexador para enviar e receber datagramas, utilizando portas para direcionar os datagramas, como mostra a Figura

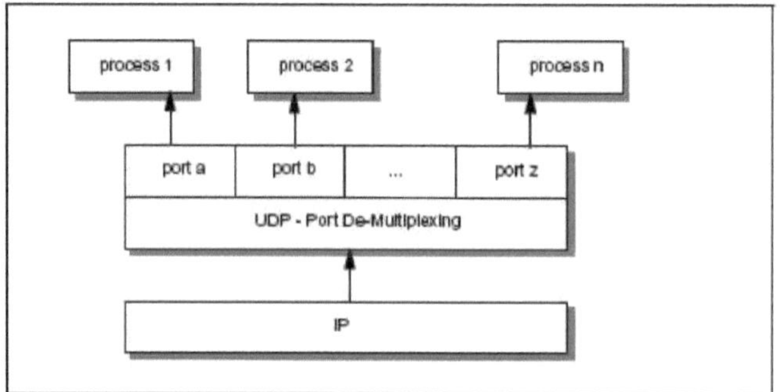

Fig:3.4 Multiplexação/demultiplexação de datagramas.

O UDP fornece um mecanismo que permite a uma aplicação enviar um datagrama para outra. A camada UDP pode ser considerada extremamente fina e é, consequentemente, muito eficiente, mas exige que a aplicação assuma a responsabilidade pela recuperação de erros, etc. As aplicações que enviam datagramas para um hospedeiro precisam de identificar um alvo mais específico do que o endereço IP, porque os datagramas são normalmente dirigidos a determinados processos e não ao sistema como um todo.

Formato do datagrama UDP

Cada datagrama UDP é enviado dentro de um único datagrama IP. Embora o datagrama IP possa ser fragmentado durante a transmissão, a implementação IP recetora voltará a montá-lo antes de o apresentar à camada UDP. Todas as implementações IP são obrigadas a aceitar datagramas de 576 bytes, o que significa que, admitindo um cabeçalho IP de tamanho máximo de 60 bytes, um datagrama UDP de 516 bytes é aceitável para todas as implementações. Muitas implementações aceitarão datagramas maiores, mas isso não é garantido.

Source Port	Destination Port
Length	Checksum
Data...	

Fig: 3.5 Formato do datagrama UDP.

Onde:

Porta de origem: indica a porta do processo de envio. É a porta à qual são dirigidas as respostas.

Porta de destino: Especifica a porta do processo de destino no anfitrião de destino.

Comprimento: O comprimento (em bytes) deste datagrama de utilizador, incluindo o cabeçalho.

Checksum: Um complemento opcional de 16 bits do complemento da soma de um cabeçalho pseudo-IP, do cabeçalho UDP e dos dados UDP[13].

Endereço IP de origem		
Endereço IP de destino		
Zero	Protocolo	Comprimento do TCP

Fig:3.6 Pseudo-cabeçalho IP

O cabeçalho pseudo-IP contém os endereços IP de origem e destino, o protocolo e o comprimento do UDP. O cabeçalho pseudo-IP estende efetivamente a soma de verificação para incluir o datagrama IP original (não fragmentado)[12].

As aplicações padrão que utilizam UDP incluem:

1. Protocolo Trivial de Transferência de Ficheiros.
2. Servidor de nomes do Sistema de Nomes de Domínio.
3. Chamada de procedimento remoto, utilizada pelo sistema de ficheiros de rede.
4. Protocolo de gestão de rede simples.
5. Lightweight Diretory Access Protocol.

3.6.2 Protocolo de Controlo de Transmissão (TCP)

O TCP é um protocolo padrão e é descrito pelo RFC 793 Transmission Control Protocol. O seu estatuto é normalizado e, na prática, todas as implementações TCP/IP que não sejam utilizadas exclusivamente para encaminhamento incluirão o TCP. O TCP oferece muito mais facilidades às aplicações do que o UDP. Especificamente, isto inclui recuperação de erros, controlo de fluxo e fiabilidade. O TCP é um protocolo orientado para a ligação, ao contrário do UDP, que não tem ligação. A maioria dos protocolos de aplicação do utilizador, como o Telnet e o FTP, utiliza o TCP. Os dois processos comunicam entre si através de uma ligação TCP.

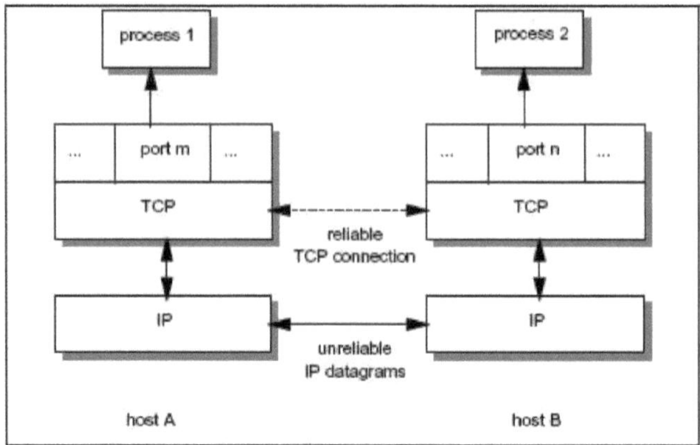

Fig. 3.7 Comunicação TCP de anfitrião para anfitrião

O principal objetivo do TCP é fornecer um circuito lógico fiável ou um serviço de ligação entre pares de processos. Não assume a fiabilidade dos protocolos de nível inferior (como o IP), pelo que o TCP tem de a garantir ele próprio. O TCP pode ser caracterizado pelas seguintes facilidades que fornece às aplicações que o utilizam:

1. Transferência de dados em fluxo contínuo: Do ponto de vista da aplicação, o TCP transfere um fluxo contíguo de bytes através da rede. A aplicação não tem de se preocupar em dividir os dados em blocos básicos ou datagramas. O TCP faz isso agrupando os bytes em segmentos TCP, que são passados para a camada IP para transmissão ao destino. Além disso, o próprio TCP decide como segmentar os dados e pode encaminhá-los conforme sua própria conveniência. Por vezes, uma aplicação precisa de ter a certeza de que todos os dados passados ao TCP foram efetivamente transmitidos para o destino[10].

2. Fiabilidade: O TCP atribui um número de sequência a cada byte transmitido e espera uma confirmação positiva (ACK) da camada TCP recetora. Se o ACK não for recebido dentro de um intervalo de tempo limite, os dados são retransmitidos. Como os dados são transmitidos em blocos (segmentos TCP), apenas o número de sequência do primeiro byte de dados no segmento é enviado para o host de destino. O TCP recetor utiliza os números de sequência para reorganizar os segmentos quando estes chegam fora de ordem e para eliminar segmentos duplicados.

3. Controlo do fluxo: O TCP recetor, ao enviar um ACK de volta ao remetente, também indica ao remetente o número de bytes que pode receber (para além do último segmento TCP recebido) sem causar overrun e overflow nos seus buffers internos. Isto é enviado no ACK sob a forma do número de sequência mais elevado que pode receber sem problemas. Este mecanismo é também designado por mecanismo de janela

4.   Multiplexação: Alcançada através da utilização de portas, tal como acontece com o UDP.

5. Ligações lógicas: Os mecanismos de fiabilidade e controlo de fluxo aqui descritos exigem que o TCP inicialize e mantenha determinadas informações de estado para cada fluxo de dados. A combinação desse status, incluindo soquetes, números de seqüência e tamanhos de janela, é chamada de conexão lógica. Cada conexão é identificada exclusivamente pelo par de soquetes usados pelos processos de envio e recebimento.

6. Full duplex: o TCP permite fluxos de dados em simultâneo em ambos os sentidos.

Formato do segmento TCP:

0	1	2	3
0 1 2 3 4 5 6 7 8 9	0 1 2 3 4 5 6 7 8 9	0 1 2 3 4 5 6 7 8 9	0 1 2 3 4 5 6 7 8 9
Source Port		Destination Port	
Sequence Number			
Acknowledgment Number			
Data Offset	Reserved	U R G · A C K · P S H · R S T · S Y N · F I N	Window
Checksum		Urgent Pointer	
Options		...|... Padding	
Data Bytes			

Fig.3.8 Formato do segmento TCP.

Onde:

Porta de origem: O número da porta de origem de 16 bits, utilizado pelo recetor para responder.

Porta de destino: O número da porta de destino de 16 bits.

Número de Sequência: O número de sequência do primeiro byte de dados neste segmento. Se o bit de controlo SYN estiver definido, o número de sequência é o número de sequência inicial (n) e o primeiro byte de dados é n+1.

Número de confirmação: Se o bit de controlo ACK estiver definido, este campo contém o valor do número de sequência seguinte que o recetor espera receber.

Deslocamento de dados: O número de palavras de 32 bits no cabeçalho TCP. Indica onde os dados começam.

Reservado: Seis bits reservados para utilização futura; tem de ser zero.

URG: Indica que o campo do ponteiro urgente é significativo neste segmento.

ACK: Indica que o campo de confirmação é significativo neste segmento.

PSH: Função de pressão.

RST: Reinicia a ligação[11].

CAPÍTULO 4

4.1 Conceção da pilha TCP/IP utilizando o Simulink e o System Generator

4.1.1 SiMULiNK

O SIMULINK é um programa com facilidades de programação gráfica para a simulação de sistemas dinâmicos. Como extensão do MATLAB, o SIMULINK acrescenta muitas caraterísticas específicas aos sistemas dinâmicos, mantendo a funcionalidade de objetivo geral do MATLAB. Por exemplo, os sistemas complexos que contêm também não linearidades podem ser construídos e analisados facilmente. Apresenta-se aqui uma breve introdução. Para mais pormenores, consulte a função de ajuda e a documentação do SIMULINK.

O SIMULINK tem duas fases de utilização, a definição do modelo e a análise do modelo. Primeiro, é necessário definir um modelo ou recuperar um modelo previamente definido. Em seguida, esse modelo é analisado. Para facilitar a definição do modelo, o SIMULINK adiciona uma nova classe de janelas chamadas janelas *de diagrama de blocos*. Nestas janelas, os modelos são criados e editados através de comandos do rato.

Depois de definir um modelo, podemos analisá-lo escolhendo opções nos menus do SIMULINK ou introduzindo comandos na janela de comandos do MATLAB. O progresso de uma simulação pode ser visualizado enquanto a simulação está a decorrer, e os resultados finais podem ser disponibilizados no espaço de trabalho do MATLAB quando a simulação estiver concluída.

4.1.2 Gerador de sistemas

4.1.2.1 introdução

O System Generator é uma ferramenta de design de DSP da Xilinx que permite a utilização do ambiente de design baseado em modelos Simulink da The Mathworks para o design de FPGA. Não é necessária experiência anterior com FPGAs da Xilinx ou metodologias de projeto RTL ao usar o System Generator. Os projetos são capturados no ambiente de modelagem Simulink amigável para DSP usando um conjunto de blocos específico da Xilinx. Todas as etapas de implementação de FPGA a jusante, incluindo a síntese e a colocação e encaminhamento, são automaticamente executadas para gerar um ficheiro de programação FPGA[8].

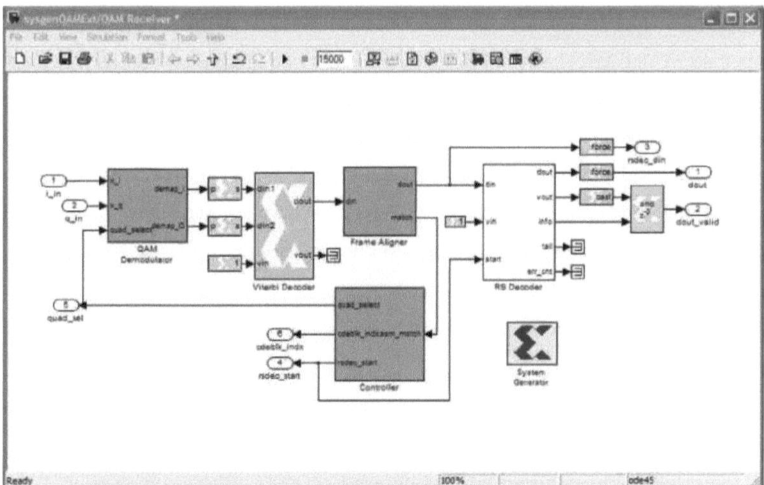

Fig.4.1 Conceção do modelo utilizando o gerador de sistemas.

Esta ferramenta é a principal ferramenta de alto nível do sector para a conceção de sistemas DSP de elevado desempenho utilizando FPGAs.

* Desenvolver sistemas altamente paralelos com os FPGAs mais avançados do sector

* Fornecer modelação de sistemas e geração automática de código a partir de Simulink® e MATLAB® (The MathWorks, Inc.)

* Integra os componentes RTL, incorporados, IP, MATLAB e de hardware de um sistema DSP

* Um componente essencial do pacote de ferramentas XtremeDSP™ da Xilinx e dos kits de desenvolvimento e de iniciação XtremeDSP

Os programadores com pouca experiência de conceção de FPGA podem criar rapidamente implementações FPGA de qualidade de produção de algoritmos DSP numa fração do tempo de desenvolvimento RTL tradicional.

4.1.2.2 Caraterísticas principais

> **Modelagem de DSP.** Construa e depure sistemas DSP de alto desempenho no Simulink usando o Xilinx Blockset que contém funções para processamento de sinais, correção de erros, aritmética, memórias e lógica digital. O Xilinx Blockset também fornece blocos para importação de funções MATLAB e módulos HDL.

> **Geração automática de código VHDL ou Verilog a partir do Simulink.**
Implementar geração comportamental (RTL) e direcionar núcleos específicos de IP da Xilinx a partir do Xilinx Blockset. Há também uma capacidade limitada (mas útil) de gerar RTL para funções escritas em MATLAB. Fornecer módulos HDL "caixa preta" como parte de um projeto maior.

> **Co-simulação de hardware.** Crie um alvo de simulação "FPGA-in-the-loop": uma opção de

geração de código que permite validar o hardware em funcionamento e acelerar as simulações no Simulink e no MATLAB. O System Generator suporta comunicação Ethernet (10/100/Gigabit), PCI™, Cardbus e JTAG entre uma plataforma de hardware e o Simulink.

> **Co-design de hardware / software de sistemas incorporados.** Crie e depure co-processadores DSP para o processador Xilinx MicroBlaze™ RISC de 32 bits. O System Generator fornece uma abstração de memória compartilhada da interface HW/SW, gerando automaticamente o co-processador DSP, a lógica de interface de barramento, drivers de software e documentação de software para usar o co-processador.

4.1.2.3 Conjunto de blocos DSP da Xilinx

Mais de 90 blocos de construção DSP são fornecidos no conjunto de blocos Xilinx DSP para Simulink. Esses blocos incluem os blocos de construção DSP comuns, como somadores, multiplicadores e registos. Também está incluído um conjunto de blocos de construção de DSP complexos, como blocos de correção de erro de avanço, FFTs, filtros e memórias. Esses blocos aproveitam os geradores de núcleo de IP da Xilinx para fornecer resultados otimizados para o dispositivo selecionado.[8],[14]

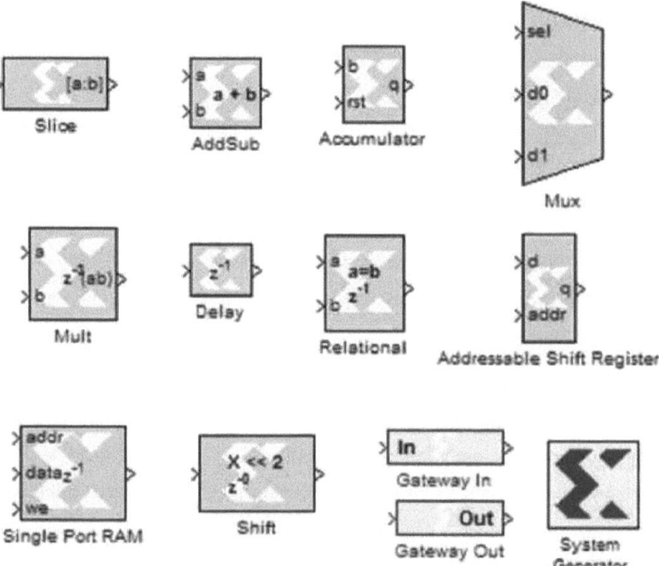

Fig:4.2 Vários conjuntos de blocos da Xilinx.

4.1.2.4 Suporte para MATLAB

Os modelos algorítmicos do MATLAB podem ser incorporados no System Generator através do AccelDSP. O AccelDSP inclui uma poderosa síntese algorítmica que usa MATLAB de ponto flutuante como entrada e gera um modelo de ponto fixo totalmente programado para uso com o System Generator. Os recursos incluem conversão de ponto flutuante para ponto fixo, inserção automática de IP, exploração de projeto e programação algorítmica. O System Generator inclui também um bloco MCode que permite a utilização de MATLAB não algorítmico para a modelação e implementação de operações de controlo simples.

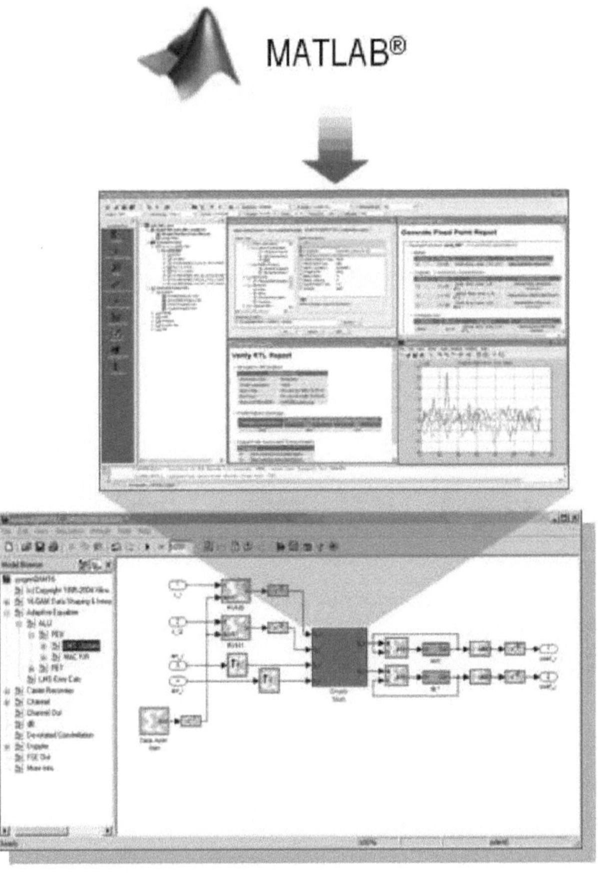

Fig.4.3suporte do gerador do sistema ao MATLAB

4.1.2.5 Estimativa de recursos do sistema

O System Generator fornece um bloco Resource Estimator que estima rapidamente a área de um projeto antes de o colocar e encaminhar. Isto pode ser uma ajuda valiosa no processo de particionamento de hardware/software, ajudando os projectistas de sistemas a tirar o máximo partido dos recursos FPGA, que incluem até 640 blocos de multiplicação/acumulação (ou DSP) nos dispositivos Virtex.

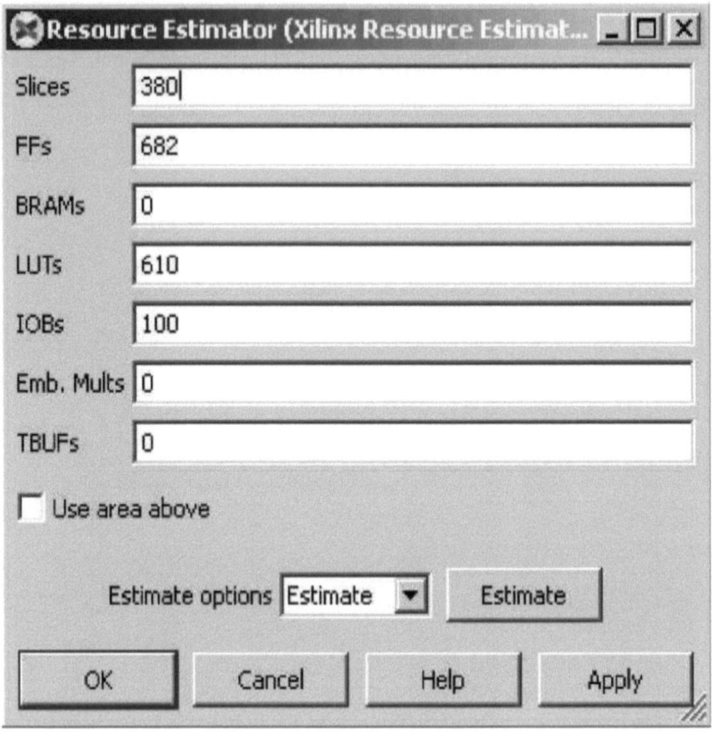

Fig: 4.4 Estimativa de recursos

4.1.3 Co-simulação de hardware

O System Generator fornece simulação acelerada por meio de co-simulação de hardware. O System Generator criará automaticamente um token de simulação de hardware para um projeto capturado no conjunto de blocos DSP da Xilinx que será executado em uma das mais de 20 plataformas de hardware suportadas. Este hardware co-simulará com o resto do sistema Simulink para proporcionar um aumento de desempenho de simulação de até 1000 vezes[15].

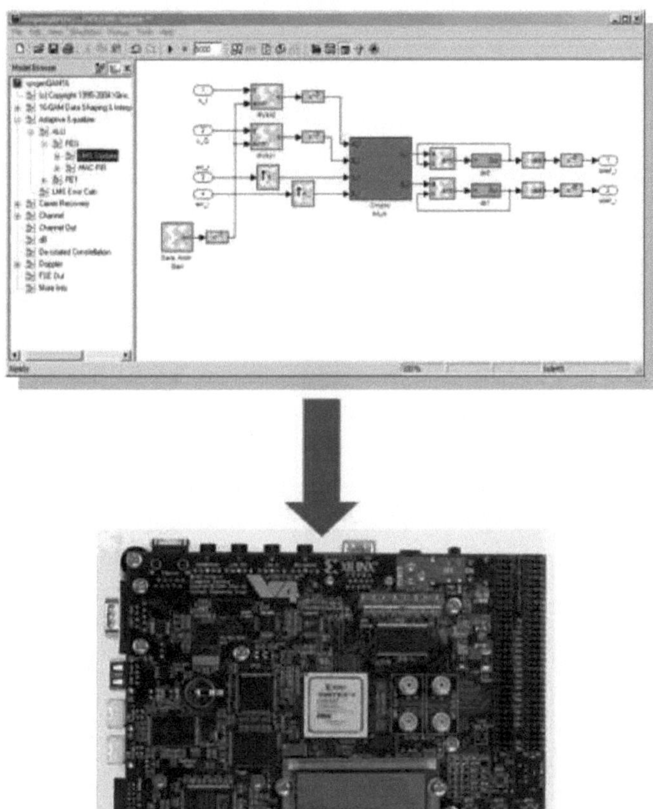

Fig.4.5 Co-simulação de hardware.

4.2 Modelo de referência dourado

Como sempre, no espírito da conceção baseada em modelos, começamos com um modelo simulado em vírgula flutuante de dupla precisão e, uma vez que funcione satisfatoriamente, utilizaremos este modelo como uma referência de ouro com a qual todos os modelos elaborados subsequentemente serão comparados.

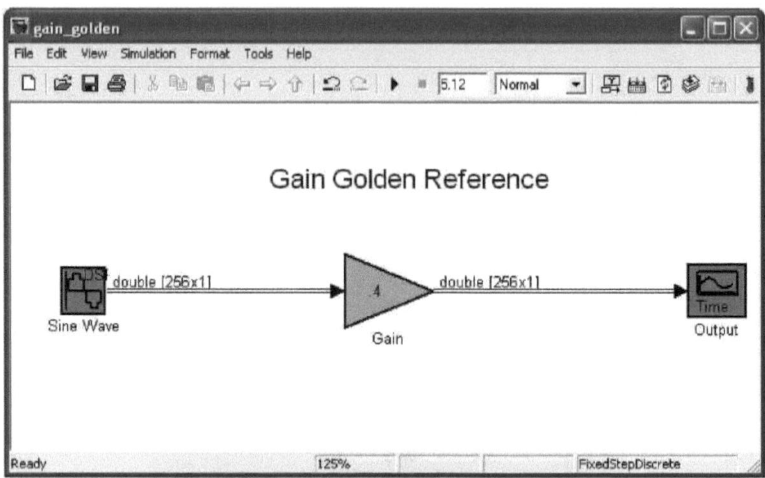

Fig:4.6 Modelo de referência dourado de ganho.

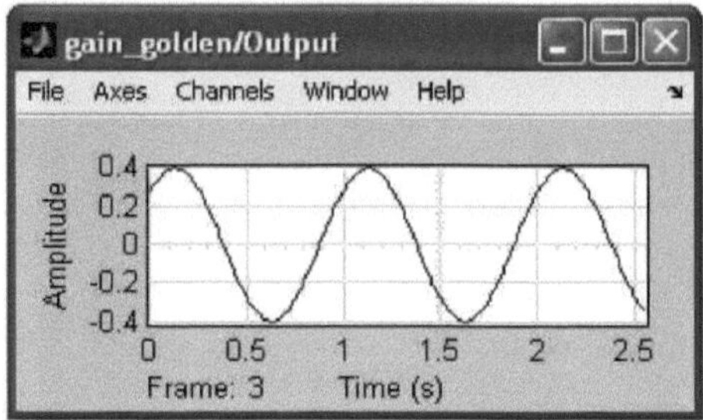

Fig: 4.7 Ponto flutuante Saída do modelo de referência dourado de ganho.

4.2.1 Transição para o Ponto Fixo

Neste modelo, a saída do bloco de onda senoidal foi convertida para um tipo de dados de ponto fixo, um inteiro de ponto fixo assinado de comprimento 16 com 14 bits de precisão. E também alterou as caraterísticas do bloco de ganho para ser também de ponto fixo.

Temos duas opções para converter os dados de entrada num tipo de dados de ponto fixo. Uma, podemos converter a fonte diretamente para produzir uma onda senoidal de ponto fixo. Caso contrário, podemos converter a saída da onda senoidal de ponto flutuante de precisão dupla em ponto fixo usando um bloco de conversão adicional da biblioteca Simulink/Signal Attributes.

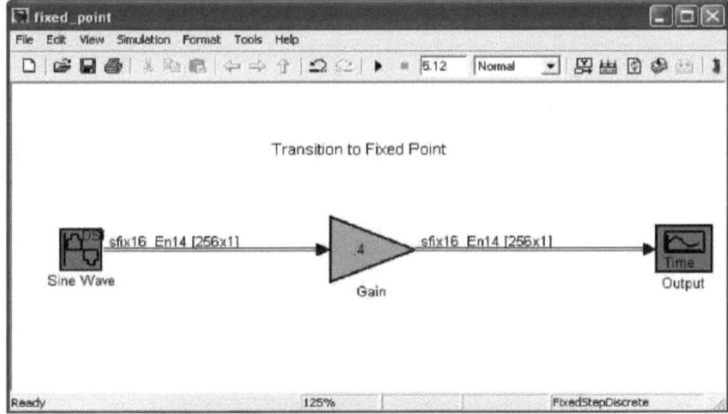

Fig:4.8 Transição para o ponto fixo.

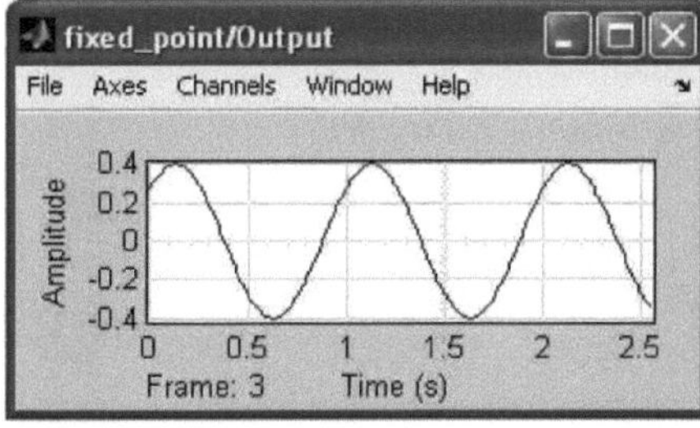

Fig:4.9 Saída de ponto fixo do modelo de referência dourado.

4.2.2. Comparação entre ponto fixo e ponto flutuante

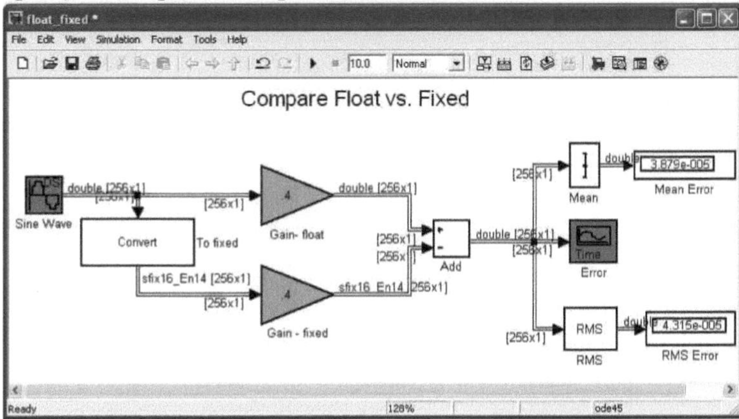

Fig: 4.10 Comparação entre ponto fixo e ponto flutuante.

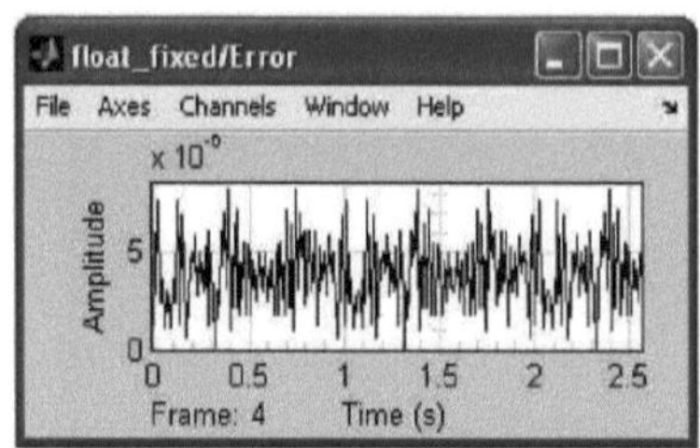
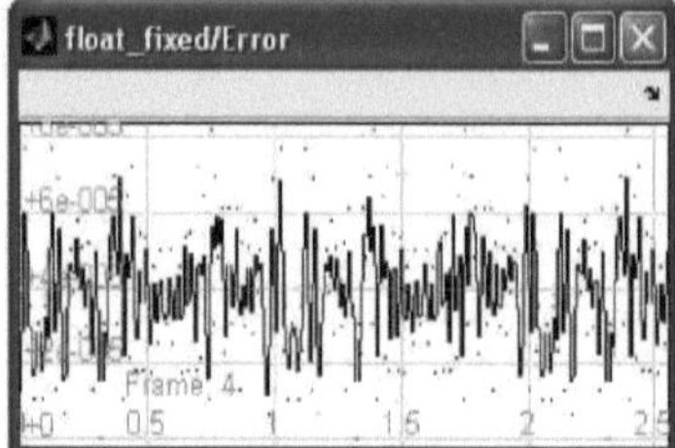

Fig: 4.11Saída de erro para ponto fixo e flutuante.

Esta é a diferença entre a saída em vírgula flutuante e a saída em vírgula fixa. O expoente, que é difícil de ver no canto superior esquerdo, é 10^A -5. O valor médio e o valor RMS do sinal de diferença são 3,9e-5 e 4,3e-5, respetivamente. Nesta altura, cabe a um engenheiro decidir se isto é suficientemente bom ou se são necessários mais bits na simulação de ponto fixo.

4.3 Modelo TCP/IP Simulink

Utilizámos o software **Simulink** para o desenvolvimento e conceção da "pilha TCP/IP". A conceção do modelo TCP/IP no Simulink é a seguinte

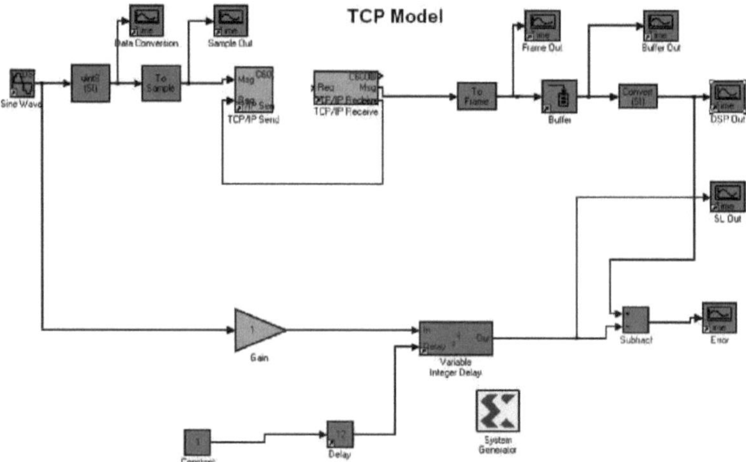

Fig: 4.12.Modelo de envio e receção TCP/IP.

Em seguida, utilizando o endereço IP remoto, esta pilha TCP/IP envia os dados para o destino pretendido. A figura acima apresenta o sub-bloco detalhado da pilha TCP/IP para comunicação. Aqui, primeiro a entrada é amostrada e depois enquadrada e, finalmente, utilizando a pilha TCP/IP, é enviada para o endereço IP 100.100.100.2. Por outro lado, o modelo de recetor TCP/IP com o endereço IP 100.100.100.2 recebe a informação enviada.

Propriedades do modelo TCP/IP do simulink.

1. Bloco I/P: Onda sinusoidal

    A onda sinusoidal actua como uma fonte, que gera o sinal com parâmetros de ponto fixo.

Tendo os tipos de dados de saída como definidos pelo utilizador, cujo valor é selecionado como sfix{16} e o comprimento da fração de saída é definido como a melhor precisão. Qualquer alteração nos parâmetros pode levar a resultados enganadores.

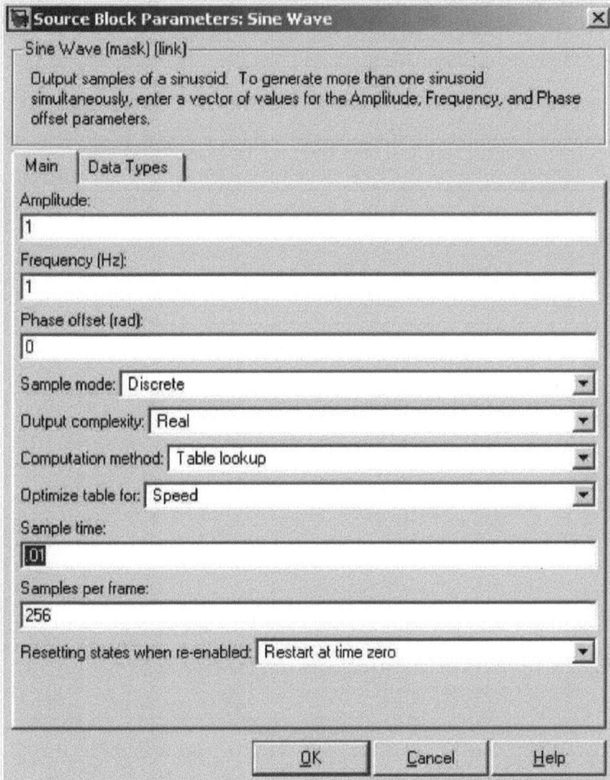

O tempo de amostragem é definido para 0,01 segundos ou 100 Hz de taxa de amostragem.
Parâmetros

Amplitude	1 V
Frequência	1Hz
Desvio de fase	0
Modo de amostragem	Discreto
Tempo de amostragem	0.01

Amostra por fotograma	256

2. Bloco de conversão de dados

O bloco de conversão de dados utilizado no modelo TCP/IP Send Receive é utilizado para converter os dados numa forma adequada, de modo a que sejam aceites pelo bloco seguinte. Neste modelo, o sinal aplicado ao bloco de conversão de dados é fixo (sfix) com um comprimento de 14 e é utilizado para converter o tipo de dados de saída em int16. A conversão tem duas possibilidades: fazer com que os valores reais da entrada e da saída sejam iguais e fazer com que o valor inteiro armazenado seja igual.

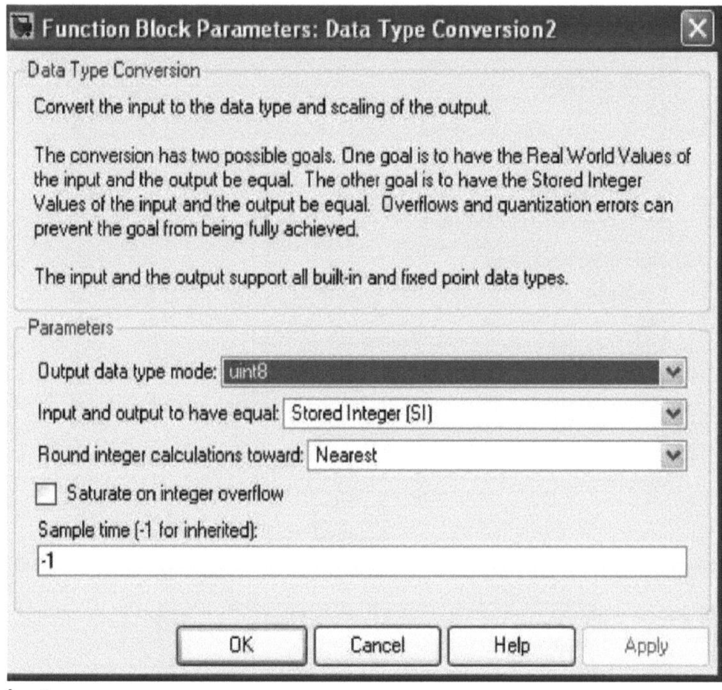

Parâmetros

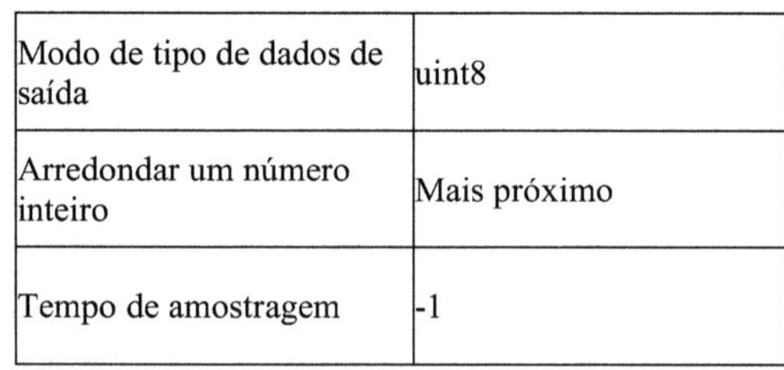

Modo de tipo de dados de saída	uint8
Arredondar um número inteiro	Mais próximo
Tempo de amostragem	-1

3. Bloco de amostras

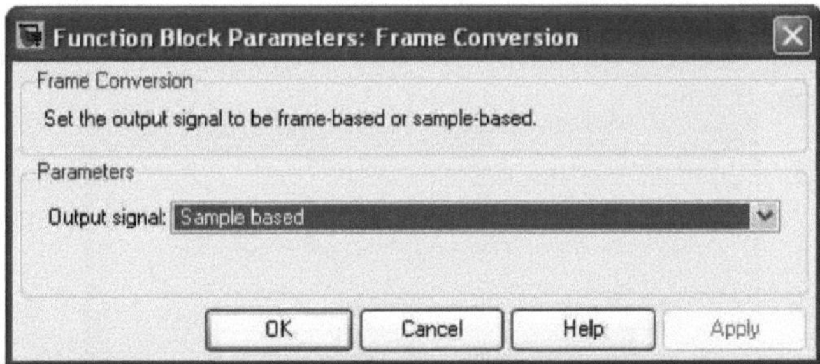

O bloco de conversão de amostras utilizado no modelo de envio e receção UDP destina-se a que a saída seja baseada em amostras.

4. Bloco de envio TCP/IP

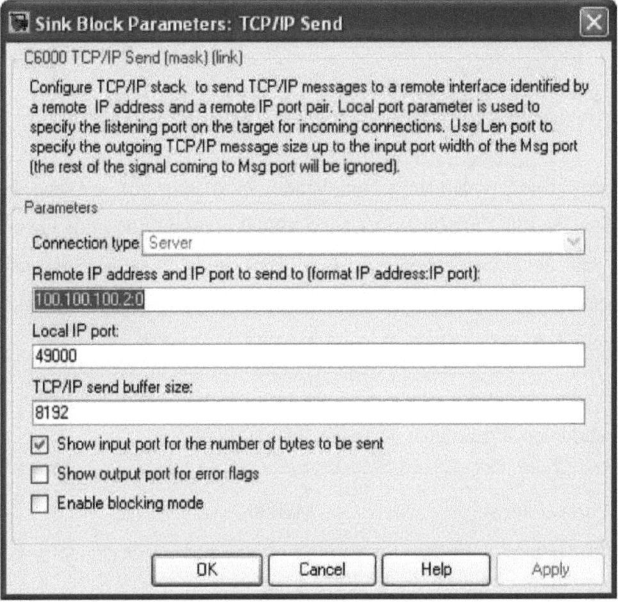

O bloco TCP Send é configurado para enviar mensagens TCP para o endereço IP 100.100.100.2:0, que foi atribuído no modelo no bloco IP Config. Os endereços das portas devem estar alinhados. Aqui estão definidos para 49000. A informação de comprimento não está explicitamente listada aqui no diálogo, mas está implícita pelo sinal de entrada para este bloco como sendo de 256 bytes para este modelo.

Parâmetro

Endereço IP remoto e porta IP	100.100.100.2;0
Porta IP local	49000

Tamanho do buffer de envio TCP/IP	8192

5. Bloco de receção TCP/IP:

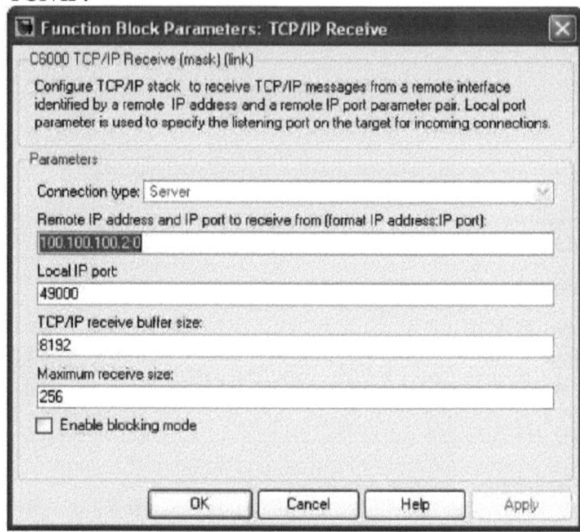

O bloco TCP Receive é um pouco mais complicado. Mais uma vez, o bloco TCP Receive está recebendo mensagens de 100.100.100.2:0 na porta 49000, a mesma de onde ele enviou mensagens TCP. No entanto, aqui devemos especificar a largura da porta de saída como sendo 256, que é a mesma que o modelo está enviando. O tempo de amostragem da simulação do modelo é baseado no tempo de amostragem definido no bloco de fonte de onda senoidal[8].

Parâmetro

Endereço IP remoto e porta IP	100.100.100.2;0
Porta IP local	49000
Tamanho do buffer de envio TCP/IP	8192

6. Bloco de conversão de quadros:

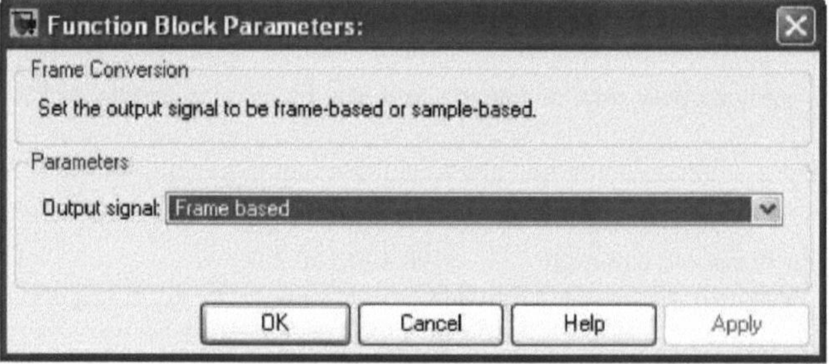

O bloco de conversão de quadros utilizado no modelo de envio e receção TCP/IP tem como objetivo que a saída seja baseada em quadros.

7. Bloco de tampões:

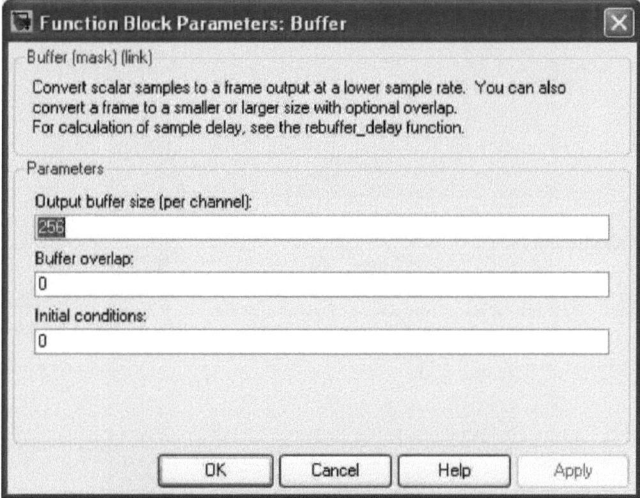

4.4 Resultado de saída do Simulink para o modelo TCP/IP

1. saída para o modeloTCP

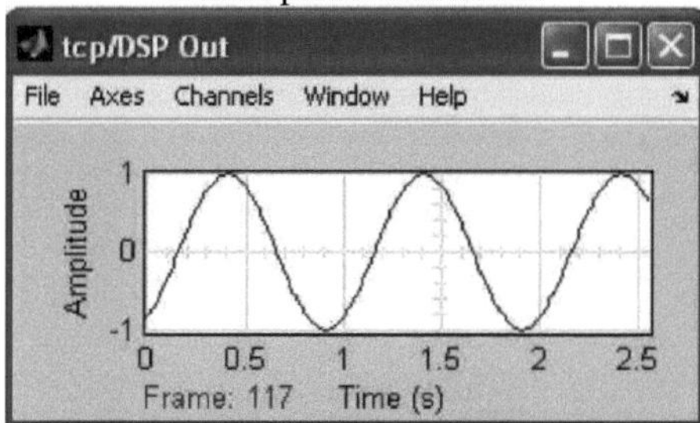

Fig:4.13Produto do modelo TCP

2.Simulinkoutput

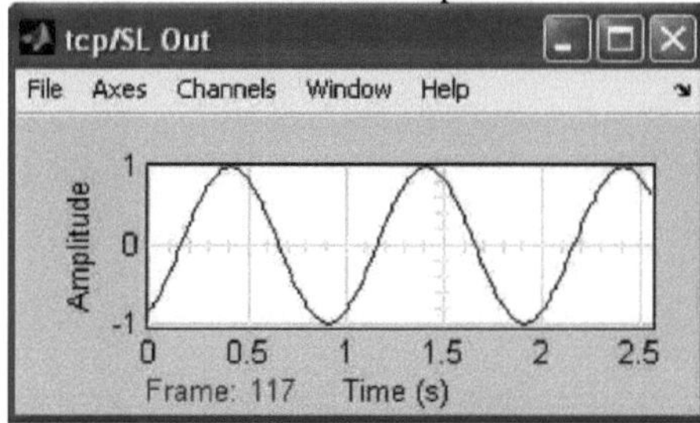

Fig:4.14 Janela de saída do Simulink

3.ErrorOutput

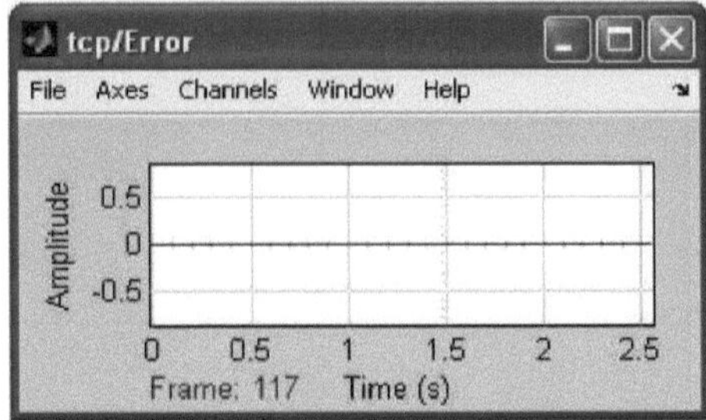

Fig:4.15ErrorOutput para o modeloTCP

4. Saída de conversão de dados

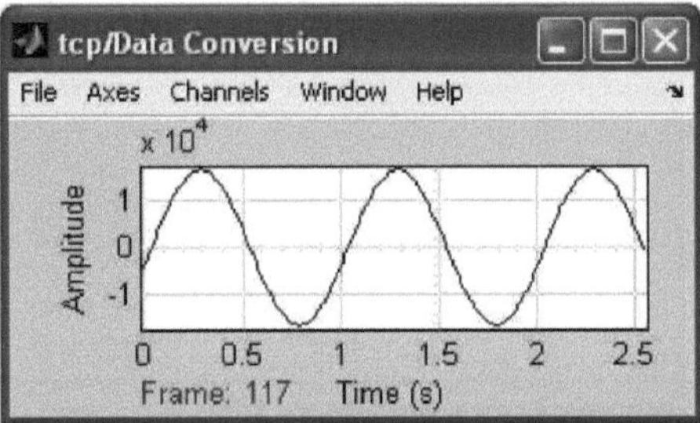

Fig:4.16 Janela de saída da conversão de dados

5. amostra de saída

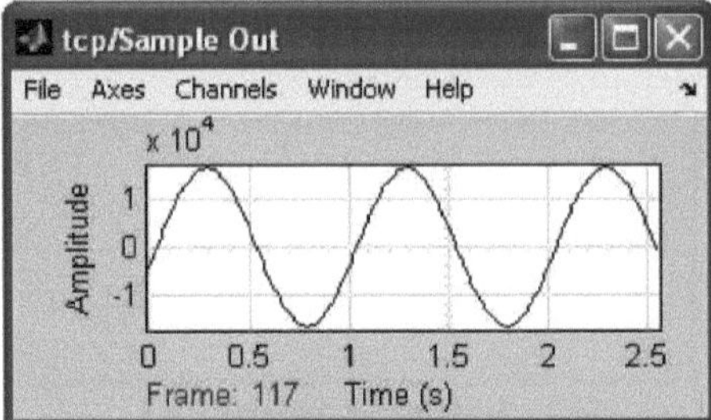

Fig:4.17 Janela de saída do bloco de amostra

6. Saída do quadro

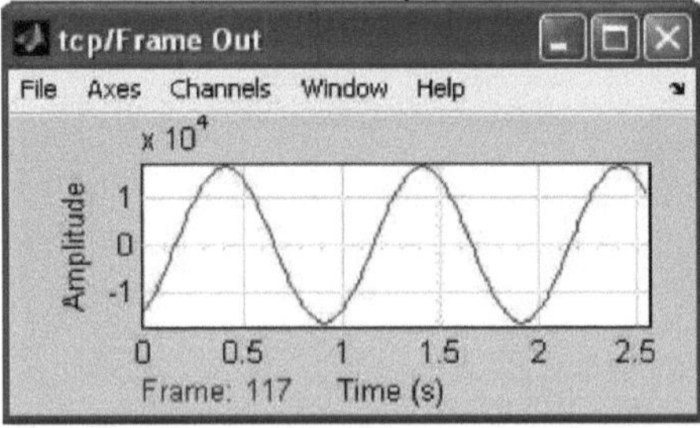

Fig:4.18 Janela de saída da conversão de quadros

CAPÍTULO 5

5.1 Geração de código utilizando o gerador de sistemas:

Neste caso, utilizámos o **Xilinx System Generator** para converter o modelo TCP/IP Simulink num projeto Xilinx ISE 9.1i e para gerar o respetivo código VHDL (lista de rede hdl).

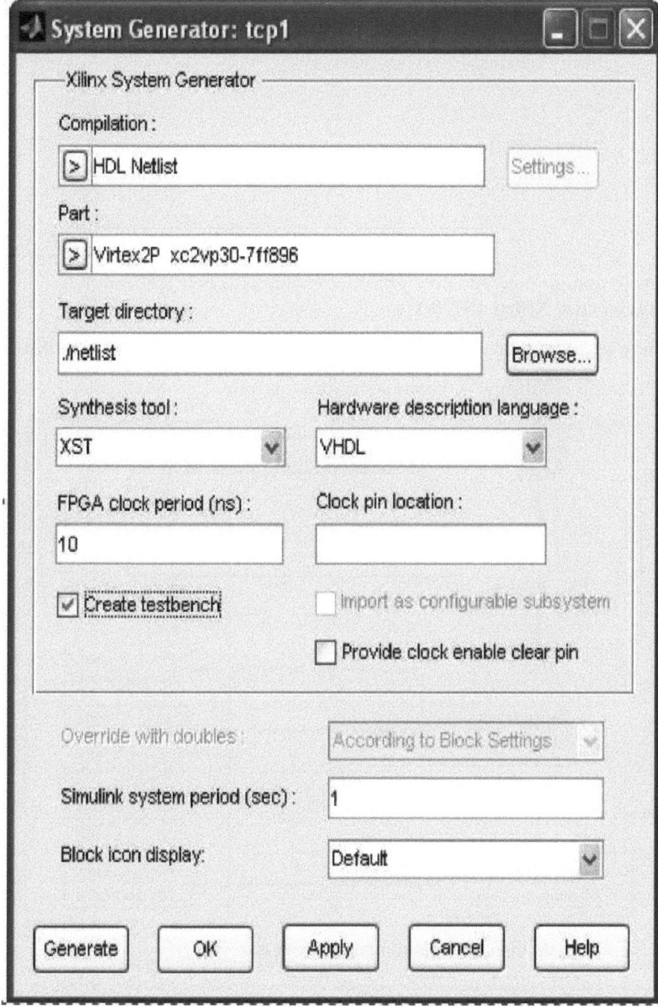

Fig:5.1 Janela de geração de código do gerador de sistemas.

Basta clicar no botão Generate (Gerar) e o gerador do sistema gera a lista de rede HDL e o código VHDL no caminho especificado.

Geração de código

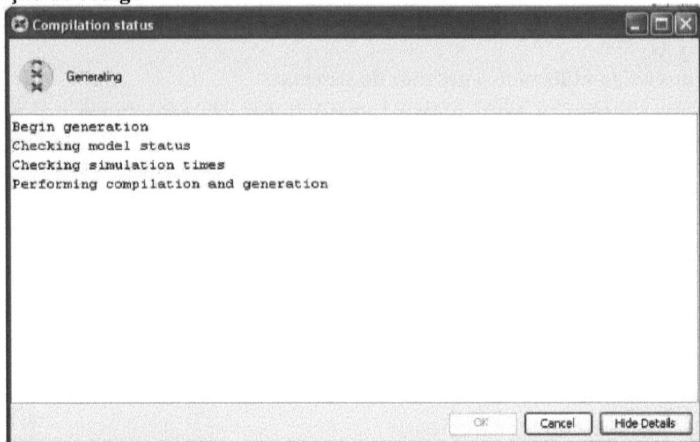

Finalmente, o código é gerado no caminho especificado pelo utilizador.

5.2 Implementação com Xilinx ISE 9.1i

Este código gerado pode agora ser implementado diretamente na FPGA utilizando software de implementação como o Xilinx9.1i, como se mostra a seguir.

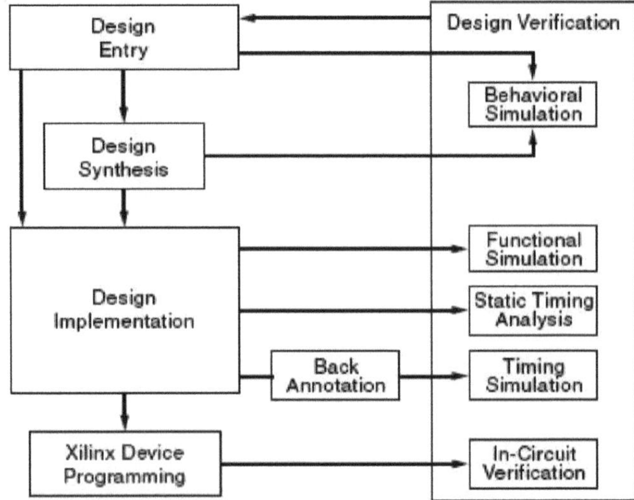

Fig: 5.2 Fluxo de desenho básico para Xilinx ISE 9.1i

5.2.1 Passos:

1. Selecione o ficheiro **Fonte** na janela Fontes.

2. Abra o Resumo do projeto fazendo duplo clique no **processo Ver resumo do projeto** no separador Processos.

3. **Faça** duplo clique no processo **Synthesize XST** no separador Processos.

4. Faça duplo clique no processo **Implementar desenho** no separador Processos.

5. Depois de concluída a implementação, os processos de implementação têm uma marca de
verificação verde junto a eles, indicando que foram concluídos com êxito sem erros ou avisos.

5.2.2 Esquema RTL

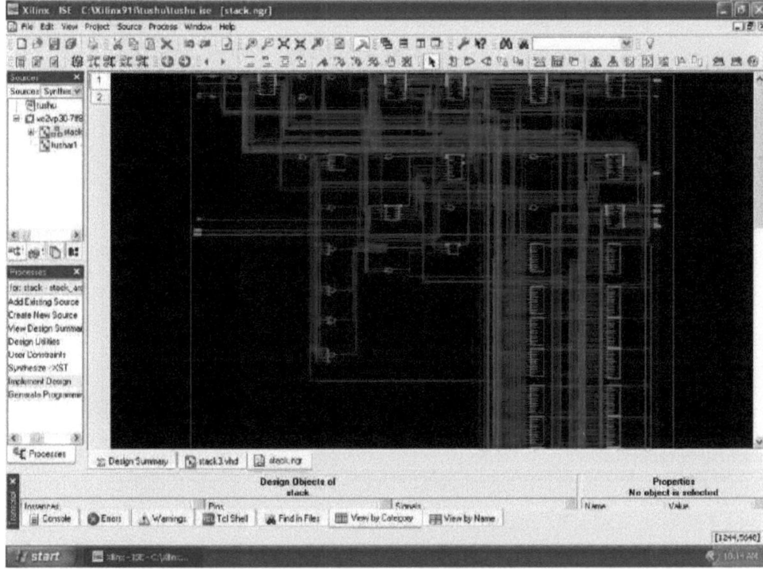

Fig:5.3 Vista esquemática RTL.

5.2.3 Esquema tecnológico

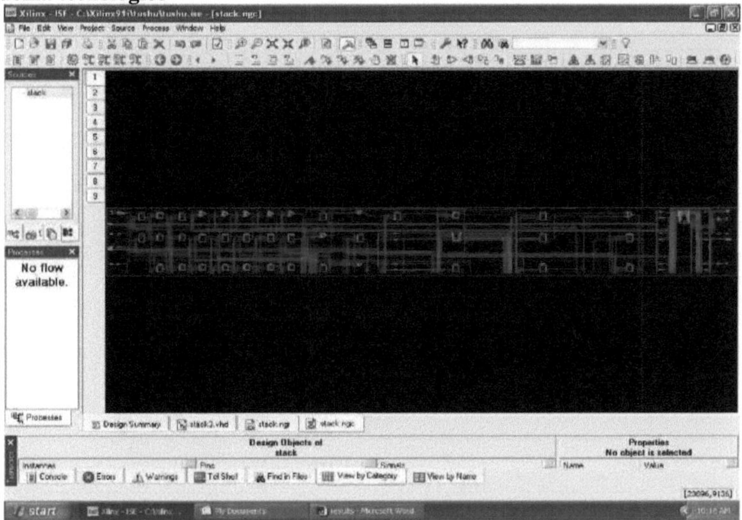

Fig:5.4 Vista esquemática da tecnologia.

Após a conclusão bem-sucedida do processo de síntese, obtemos o resumo da utilização dos
dispositivos, conforme abaixo.

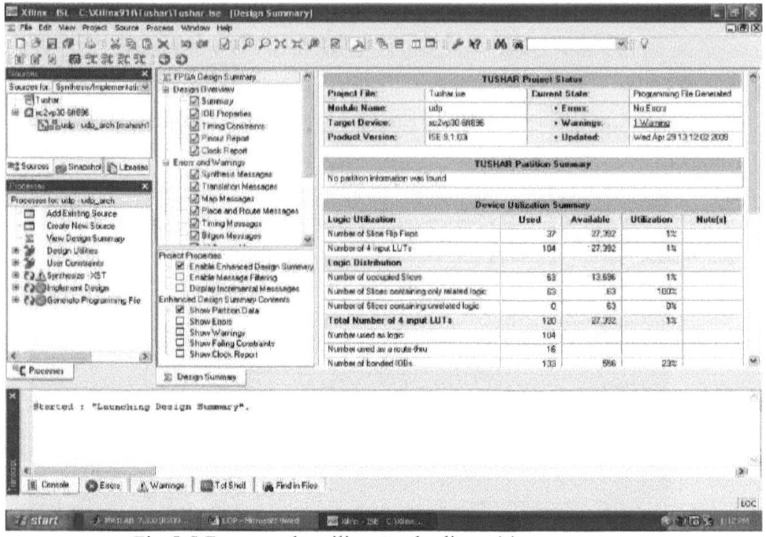

Fig:5.5 Resumo da utilização do dispositivo.

5.2.2 Geração de relatórios:

A figura abaixo mostra os vários relatórios gerados pelo Xilinx 9.1i, que fornecem os relatórios totais relativos à síntese, tradução, mapa, colocação e rota, temporização estática, relatório de geração de bits para o código.

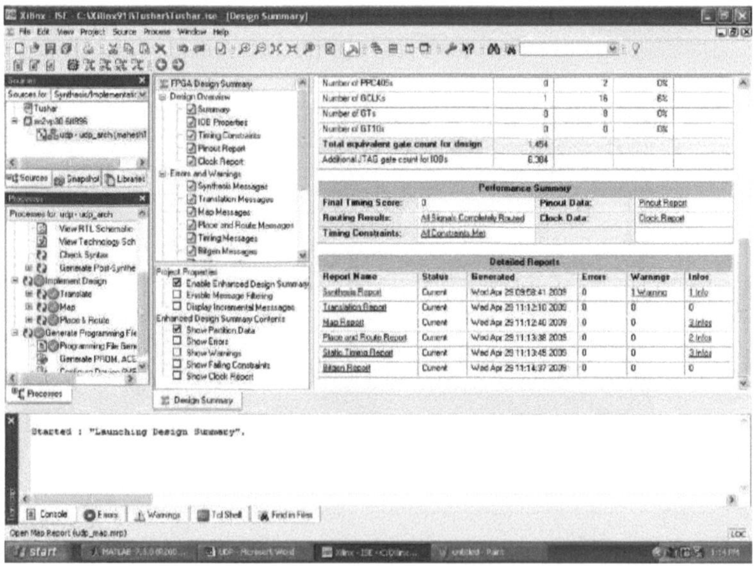

Fig: 5.6 Geração de relatórios.

5.3 Estabelecimento de ligação

Em redes informáticas, o ping é um processo de envio de mensagens de teste de um computador para outro para verificar o estado das ligações de rede. Os testes de ping são efectuados através de vários comandos de software e programas utilitários. Ping é o nome de um utilitário de rede padrão no Windows, Linux e outros sistemas operativos. Um teste de ping determina a latência (atraso de comunicação) entre o nosso computador e outro computador numa rede.

Assim, ao fazer ping para o endereço IP 100.100.100.2, vemos que a ligação é estabelecida utilizando a FPGA virtex -2 Pro.

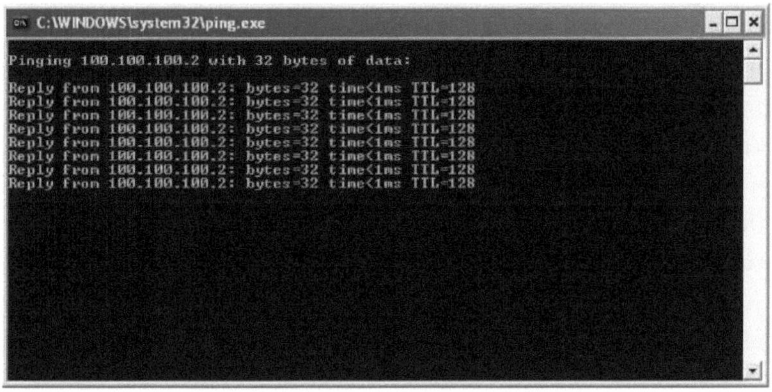

Fig:5.7 Resposta da placa FPGA para pingar .

CONCLUSÃO

Nesta era de utilização prolífica da Internet, uma grande preocupação que surgiu entre os webmasters e os anfitriões Web é a ameaça de pirataria informática. Originalmente referindo-se ao processo de aprendizagem de linguagens de programação e sistemas informáticos, o termo "hacking" evoluiu para significar a prática de contornar a segurança de um sistema informático/rede. De qualquer modo, os ataques de hacking tornaram-se ameaças contra as quais os administradores de sistemas e os webmasters têm de se proteger.

A verdade é que praticamente qualquer pessoa que se ligue à Internet está vulnerável a ser pirateada, infiltrada por um cavalo de Troia ou atacada por um vírus ou worm. Assim, é necessário ser proactivo quando se trata de proteger o seu sistema contra esses ataques. O método que implementámos é a melhor solução para proteger os nossos sistemas de ataques ou de pirataria informática, porque a sua pilha TCP/IP baseada em hardware é implementada em FPGA. Como a pilha TCP/IP está implementada em hardware, é muito difícil atualizar a pilha e, mais uma vez, é impossível executar o código malicioso.

Neste caso, utilizámos matrizes de portas programáveis em campo (FPGA) como dispositivos de hardware programáveis, que constituem a plataforma de conceção visada. Neste caso, utilizámos a FPGA Xilinx Virtex 2 Pro para efeitos de implementação, uma vez que contém dois processadores hardcore Power PC 405 e um processador softcore microblaze. Os FPGAs, enquanto dispositivos de hardware programáveis, são particularmente adequados para englobar tanto velocidades de processamento elevadas como flexibilidade para responder às rápidas mudanças da Internet.

BIBLIOGRAFIA

Behrouz A. Forouzan, *TCP/IP Protocol Suite*, McGraw-Hill, 2003.

Piet Van Mieghem, *Redes de Comunicação de Dados*, Universidade de Delft

Tecnologia, 2003.

Bruce S. Davie Larry L. Peterson, *Computer Networks, A System Approach*, Morgan Kaufmann

Publishers, San Fransisco, California, 2000.

J.Rose S.D. Brown, R.J. Francis, *Field Programmable Gate Arrays*, Kluwer

Academic Publishers, 1992.

Eric Yeh et al., *Introduction to TCP/IP OFF Load Engine (TOE)*, 2002.

Cisco, Interconnecting Cisco Network Devices, CA: Cisco System, Inc., 1999.

Dexter Chun e J.K.Wolf, *Special Hardware for computing the probability of undetected error for certain binary CRC codes and test results,* IEEE Transaction on Communications (1994).

Xilinx Inc., *ISE 5 In-Depth Tutorial*, 2003.

Mei Tsai et al, *A Benchmarking Methodology for Network Processors*, 1º Workshop sobre Network Processors (NP-1), 8º Int. Simpósio sobre Arquitecturas de Computação de Alto Desempenho (HPCA-8) (2002).

Memik et al., *Evaluating Network Processors using Netbench*, ACM Transactions on Embedded Computing System (2002).

R. Braden et al., *Computing the Internet Checksum*, IETF RFC 1071 (1988).

Marcel Waldvogel Florian Braun, *Fast Incremental CRC Updates for IP over ATM Networks*, IEEE Workshop on High Performance Switching and Routing (2001).

G. Patane G. Campobello e M. Russo, *Parallel CRC Realization*, 2003.

Jean-Louis Brelet e Lakshmi Gopalakrishnan, *Using Virtex-II Block RAM for High Performance Read/Write CAMs*, Xilinx Application Notes (2002).

William H. Mangione-Smith Jason Leonard, *Um estudo de caso de circuitos de hardware parcialmente avaliados: DES específico da chave, lógica programável em campo e aplicações.* 7º Workshop Internacional (1997).

yes

I want morebooks!

Buy your books fast and straightforward online - at one of world's fastest growing online book stores! Environmentally sound due to Print-on-Demand technologies.

Buy your books online at
www.morebooks.shop

Compre os seus livros mais rápido e diretamente na internet, em uma das livrarias on-line com o maior crescimento no mundo! Produção que protege o meio ambiente através das tecnologias de impressão sob demanda.

Compre os seus livros on-line em
www.morebooks.shop

Printed by Books on Demand GmbH, Norderstedt / Germany